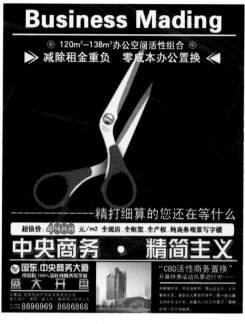

第4章练习9
房产广告

第5章练习1
台历型汽车广告

第5章练习8
纸袋包装
（立体展示）

第5章练习9
药包装（立体展示）

第6章练习3
酒楼VIP卡

第6章练习4
西服商标

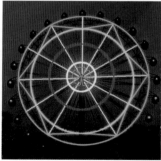

第6章练习5
水晶苹果

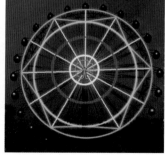

第6章练习6
夜光摩天轮

第7章练习5
波浪相框效果

第7章练习7
黑白艺术照

第7章练习9
沙滩字

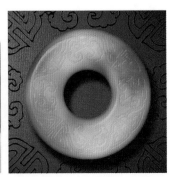

第8章练习7
下雨效果

第8章练习8
缥缈晨雾效果

第8章练习10
玉石特效

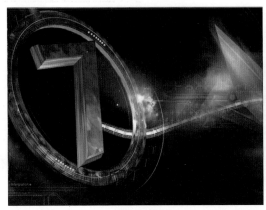

第9章实例
纪念卡背景

第9章实例
手机摄影网

第1章练习1
旅游宣传单

第1章练习2
办公楼后期处理效果图

第1章练习5
MP3宣传广告

第2章练习6
化妆品广告

第2章练习2
水粉画

第2章练习4
晕光蝴蝶

第3章练习3
春天变秋天效果

第2章练习6
时尚杂志广告

第3章练习8
桃花节路牌广告

第3章练习9
音乐CD封面

第4章练习2
旅游图书封面装帧

第4章练习4
招商卡

第4章练习3
新店开张宣传单

第4章练习7
酒画册1

第4章练习7
酒画册2

第4章练习8
扇面效果

中等职业学校计算机系列教材

zhongdeng zhiye xuexiao jisuanji xilie jiaocai

Photoshop CS3 中文版
案例教程

◎ 王忠莲　主编

◎ 徐亮 李再明 先义华　副主编

人民邮电出版社

北京

图书在版编目（CIP）数据

Photoshop CS3中文版案例教程 / 王忠莲主编. --
北京：人民邮电出版社，2011.12
中等职业学校计算机系列教材
ISBN 978-7-115-23732-3

Ⅰ. ①P… Ⅱ. ①王… Ⅲ. ①图形软件，Photoshop
CS3－专业学校－教材 Ⅳ. ①TP391.41

中国版本图书馆CIP数据核字(2010)第156984号

内 容 提 要

本书介绍使用 Photoshop 处理图像的相关知识和技能，重点培养学生对图形图像的处理能力以及 Photoshop 的行业应用知识。全书共 9 章，主要内容包括选取与编辑图像、绘制与修饰图像、调整图像色调和色彩、输入与编排文字、图层的应用、路径的应用、通道与蒙版的应用、滤镜特效的应用、Photoshop 特殊图像处理等。

全书按照"任务驱动教学法"的设计思想组织教材内容，共挑选了 55 个制作案例，从任务入手，逐步介绍 Photoshop CS3 的使用。每个案例均采用"实例目标+制作思路+操作步骤"的结构进行讲解，并在各章节结束后提供大量上机练习题，供学生上机自测练习。

本书可供中等职业学校计算机应用技术专业以及其他相关专业使用，也可作为计算机图像处理 Photoshop CS3 中文版的上机辅导用书和 Photoshop 培训班教学用书。

中等职业学校计算机系列教材

Photoshop CS3 中文版案例教程

◆ 主　编　王忠莲

副 主 编　徐 亮　李再明　先义华

责任编辑　王亚娜

◆ 人民邮电出版社出版发行　　北京市崇文区夕照寺街 14 号
邮编　100061　电子邮件　315@ptpress.com.cn
网址　http://www.ptpress.com.cn
三河市潮河印业有限公司印刷

◆ 开本：787×1092　1/16　　　　彩插：2
印张：19.75　　　　　　　　2011 年 12 月第 1 版
字数：479 千字　　　　　　　2011 年 12 月河北第 1 次印刷

ISBN 978-7-115-23732-3

定价：39.00 元（附光盘）

读者服务热线：**(010)67170985**　印装质量热线：**(010)67129223**
反盗版热线：**(010)67171154**
广告经营许可证：京崇工商广字第 0021 号

前　言

Photoshop CS3 由 Adobe 公司开发设计，具有易用、易懂的操作界面以及完善的图像处理功能，它是目前应用最广泛的图像处理软件之一，被广泛应用于广告设计、图文出版等各行各业。

本书采用案例教学法，以案例贯穿全文，结合招贴、报纸广告、标志设计、杂志广告、宣传单和画册、包装设计、书籍装帧、户外广告等最具有代表性的作品，将软件功能与行业实际应用相结合，使读者通过不断的练习掌握 Photoshop 图像处理的知识与技能。

本书共 9 章，各部分主要内容如下。

- **第 1 章：** 以房地产路牌广告、计算机图书封面、数码相机广告等实例的制作为例，主要讲解 Photoshop 中选取与编辑图像的操作，包括选区的绘制、选区工具的使用、选区的修改以及复制、移动和删除图像等知识。

- **第 2 章：** 以绘制水彩画、制作羽毛特效、制作信签纸、制作啤酒宣传海报、制作手机广告等实例为例，主要讲解绘制与修饰图像的操作，包括绘图工具、修复工具、修饰工具的使用等知识。

- **第 3 章：** 以制作怀旧风格的艺术照、制作梦幻写真、制作化妆品广告等实例为例，主要讲解调整图像色调和色彩的方法，包括调整图像亮度与对比度、调整色阶、调整色相/饱和度、调整曲线、替换图像颜色等知识。

- **第 4 章：** 以制作名片、制作笔记本电脑宣传海报、制作通信城店内招贴、制作农药产品宣传广告、制作摄影图书封面装帧等实例为例，主要讲解文字的输入与编辑操作，包括文字工具的使用、设置字体格式、"字符"面板的使用、为文字图层添加样式等知识。

- **第 5 章：** 以制作挂历型汽车广告、制作婚纱写真效果、制作手机宣传单、制作中秋节日贺卡、制作商场促销广告等实例为例，主要讲解 Photoshop 图层的应用，包括图层的基本操作、图层的编辑、图层的合并、图层混合模式、设置图层不透明度、添加图层样式、使用调整图层等知识。

- **第 6 章：** 以制作服装商标、制作高尔夫俱乐部标志、制作霓虹灯广告、制作商场宣传 POP、设计糖果包装等实例为例，主要讲解路径的应用，包括绘制路径、选择路径、编辑路径、填充与描边路径、路径与选区的互换等知识。

- **第 7 章：** 以制作音乐舞会海报、更换照片背景、制作玻璃水杯、制作金属质感标志等实例为例，主要讲解通道和蒙版的应用，包括创建通道、载入通道选区、存储通道、创建图层蒙版、编辑快速蒙版、使用矢量蒙版等知识。

- **第 8 章：** 以制作书签、制作积雪字、制作金属字、制作素描画、制作水彩画、制作飘雪特效、制作水中倒影效果、制作豹皮特效等实例为例，主要讲解滤镜的使用，包括云彩滤镜、风滤镜、水彩画滤镜、照亮边缘滤镜、光照效果滤镜、扭曲滤镜、水波滤镜等滤镜的使用。

- **第 9 章：** 以制作纪念卡、打印多张名片、制作手机摄影网页、制作 GIF 动画贺卡等实例为例，主要讲解"动作"面板的使用、图像打印、网页制作、动画制作等特殊图像处理知识。

本书具有以下特色。

（1）任务驱动，案例教学。本书主要通过完成某一任务来掌握和巩固 Photoshop 图像处理的相关操作，每个案例给出了实例目标、制作思路和操作步骤，使读者能够明确每个案例需要掌握的知识点和操作方法。

（2）案例类型丰富，实用性强。书中共挑选了 55 个案例进行讲解，这些实例都来源于实际工作与生活中，具有较强的代表性和可操作性，并融入了大量的职业技能元素，可以引导读者在学习过程中，不但能掌握 Photoshop 相关的软件知识，更重要的是还能获得一些设计经验与方法，如颜色的搭配、画面构图等。

（3）边学边练，举一反三。书中每章最后提供有大量上机练习题，给出了各练习的最终效果和制作思路，在进一步巩固前面所学知识的基础上重点培养读者的实际动手能力，解决问题的能力，以达到学以致用，举一反三的目的。

为方便教学，本书还配备了光盘，内容为书中案例的素材、效果，以及为每章提供的拓展案例，步骤详细，综合性强，素材齐全，方便老师选择使用。

本书由王忠莲主编，徐亮、李再明、先义华任副主编，参与本书编写的还有肖庆、李秋菊、黄晓宇、赵莉、牟春花、王维、蔡长兵、熊春、李洁羽、蔡飓、蒲乐、马鑫、耿跃鹰、李枚锢和高志清。

由于作者水平有限，书中疏漏和不足之处在所难免，恳请广大读者及专家不吝赐教。

编　者

2011 年 10 月

目　录

第 1 章

选取与编辑图像

　　选取与编辑图像是学习 Photoshop 图像处理的基础知识，包括创建选区、编辑选区及选区内的图像、图像的复制与移动等。本章将以 6 个制作实例来介绍 Photoshop CS3 中选取与编辑图像的相关操作，并将涉及图层、部分滤镜命令和文字工具的使用。

本章学习目标：

- 📖 制作音乐光碟
- 📖 合成婚纱艺术照
- 📖 合成骏马跃出图片效果
- 📖 制作房地产路牌广告
- 📖 制作计算机图书封面
- 📖 制作数码相机广告

1.1 制作音乐光碟

实例目标

　　本例将使用渐变工具制作光盘填充底纹，再导入一张音乐图片素材，利用选区的载入与变换等操作处理成盘片上的图像，最后删除多余的图像并添加图层样式，完成音乐光碟的制作，最终效果如图 1-1 所示。

素材文件\第 1 章\音乐光碟\萨克斯.tif
最终效果\第 1 章\音乐光碟.psd

图 1-1

制作思路

本例的制作思路如图 1-2 所示，涉及的知识点有渐变工具、"变换选区"命令、图层样式和减淡工具，其中变换选区与渐变工具的设置是本例的制作重点。

①填充渐变　　　　②变换选区后删除　　　　③变换选区后删除　　　　④添加投影效果

图 1-2

操作步骤

（1）选择【文件】/【新建】命令，新建"制作光碟"文件，图像宽度和高度设为 8 厘米，分辨率设为 180 像素/英寸。

（2）新建"图层 1"，选择工具箱中的椭圆选框工具◯，按住"Shift"键的同时拖动鼠标在窗口左侧绘制一个正圆选区。

（3）选择工具箱中的渐变工具▪，单击属性栏中的"渐变色"选择框▪▪▪▪，在打开的"渐变编辑器"对话框中设置渐变为"浅灰、白色、灰色、白色、浅灰"，单击"确定"按钮。

（4）拖动鼠标在选区内自左上向右下方填充渐变图案，按"Ctrl+D"组合键取消选区，填充效果如图 1-3 所示。

（5）选择【文件】/【打开】命令，打开"萨克斯.tif"素材文件，选择移动工具▸┿，拖动图像内容到"制作光碟"窗口中，自动生成"图层 2"。

（6）按"Ctrl+T"组合键打开自由变换调节框，调整图像的大小、位置和角度，完成后按"Enter"键确认变换，效果如图 1-4 所示。

图 1-3　　　　　　　　　　　　　图 1-4

（7）按住"Ctrl"键的同时单击"图层 1"的缩览图，载入"光碟"外轮廓选区，选择【选择】/【变换选区】命令，打开变换选区调节框，按住"Alt+Shift"组合键不放拖动调节框角点，等比例向内变换选区，按"Enter"键确认变换。

（8）按"Ctrl+Shift+I"组合键反选选区，再按"Delete"键删除选区内容，并按"Ctrl+D"组合键取消选区，效果如图 1-5 所示。

（9）按住"Ctrl"键的同时单击"图层 1"的缩览图，载入"光碟"外轮廓选区。

（10）选择【选择】/【变换选区】命令，打开变换选区调节框，按住"Alt+Shift"组合键不放拖动调节框角点，等比例向内变换选区，按"Enter"键确认变换，按"Delete"键删除选区内容，效果如图 1-6 所示。

（11）选择【选择】/【变换选区】命令，打开变换选区调节框，按住"Alt+Shift"组合键不放拖动调节框角点，等比例向内变换选区，按"Enter"键确认变换，效果如图 1-7 所示。

图 1-5

图 1-6

图 1-7

（12）选择"图层"面板，单击"图层 1"，按"Delete"键删除选区内容，取消选区。

（13）双击"图层 1"后面的空白处，在打开的"图层样式"对话框中选中"投影"复选框，设置"扩展"为 55，"大小"为 8，单击"确定"按钮，设置与效果如图 1-8 所示。

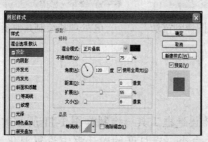

图 1-8

（14）选择减淡工具，在属性栏中设置画笔为柔角，曝光度为 20%，在光碟中心处进行局部减淡处理，完成实例的制作。

1.2　合成婚纱艺术照

实例目标

本例将使用选区的羽化、图像复制等编辑操作，将提供的 3 个素材图片合成一幅婚纱艺术照，效果如图 1-9 所示。

图 1-9

素材文件\第 1 章\婚纱艺术照\婚纱照.jpg···
最终效果\第 1 章\合成婚纱艺术照.psd

制作思路

本例的制作思路如图 1-10 所示，涉及的知识点有绘制选区、羽化选区、复制选区和移动图像，其中羽化选区与复制选区内的图像是本例的制作重点。

①创建并羽化选区　　②复制选取图像到背景　　③处理和绘制其他素材

图 1-10

操作步骤

（1）打开"戒指 1.jpg"图像，使用椭圆选框工具◎绘制如图 1-11 所示的椭圆选区。

（2）选择【选择】/【修改】/【羽化】命令，在打开的对话框中设置羽化半径为 30，单击"确定"按钮，设置如图 1-12 所示。按"Ctrl+C"组合键复制选区内的图像到粘贴板。

图 1-11

图 1-12

（3）打开"戒指 2.jpg"图像，按"Ctrl+V"组合键，将粘贴板中的图像粘贴到当前图像中。

（4）打开"婚纱照.jpg"图像，绘制如图 1-13 所示的椭圆选区并设置羽化半径为 50。

（5）按"Ctrl+C"组合键复制选区内的图像到粘贴板，切换到"戒指 2"图像窗口，按"Ctrl+V"组合键，将粘贴板中的图像粘贴到当前图像中，并移动复制的图像至图像右上侧，效果如图 1-14 所示。

（6）用矩形选框工具在合成后的图像下方绘制一个长条矩形选区，按住"Shift"键不放再绘制多个不同大小的矩形选区，完成后填充为暗红色（R:140，G:21，B:9），最后用文字工具输入文字"PRETTY GIRL"，将"戒指 2"图像另存为"合成婚纱艺术照.psd"，完成实例的制作。

图 1-13

图 1-14

1.3 合成骏马跃出图片效果

实例目标

本例将利用快速选择工具、矩形选框工具和选取编辑操作将"骏马.tif"图像中的部分图像选取出来并添加一个相片框，最终效果如图 1-15 所示。

素材文件\第 1 章\骏马跃出\骏马.tif
最终效果\第 1 章\骏马跃出.psd

图 1-15

制作思路

本例的制作思路如图 1-16 所示，涉及的知识点有快速选择工具、矩形选框工具、魔棒工具、"添加杂色"命令、"高斯模糊"命令、"扭曲"命令和图层样式，其中"扭曲"命令的使用是本例制作的重点。

①复制图层后收缩选区　　　②删除并擦除多余图像　　　③制作投影

图 1-16

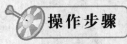

1.3.1　制作相框

（1）打开"骏马.tif"素材文件，按住鼠标左键拖动"背景"图层到"图层"面板下方的"创建新图层"按钮 💷 上释放，复制生成"背景 副本"图层，效果如图 1-17 所示。

图 1-17

（2）选择工具箱中的快速选择工具 🖌，在窗口中单击骏马所在部分，载入选区，按"Ctrl+Alt+D"组合键，在打开的对话框中设置羽化半径为 1，单击"确定"按钮。

（3）按"Ctrl+J"组合键复制生成"图层 1"，选择工具箱中的矩形选框工具 💷，在窗口中绘制矩形选区。

（4）新建"图层 2"，并将其放置在"图层 1"之下，设置前景色为白色，按"Alt+Delete"组合键将选区填充为前景色，效果如图 1-18 所示。

（5）选择【滤镜】/【杂色】/【添加杂色】命令，在打开的"添加杂色"对话框中设置数量为"1"，单击"确定"按钮。

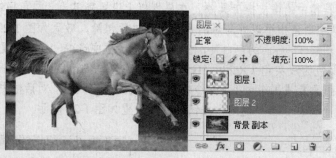

图 1-18

（6）选择【选择】/【修改】/【收缩】命令，在打开的对话框中设置收缩量为 30，单击"确定"按钮。

（7）按"Delete"键删除选区内容，按"Ctrl+D"组合键取消选区，效果如图 1-19 所示。

（8）选择【编辑】/【变换】/【扭曲】命令，打开自由变换调节框，拖动角点将白色边框变形，然后按"Enter"键确定变形，完成相框的制作，效果如图 1-20 所示。

图 1-19

图 1-20

1.3.2 删除多余图像

（1）选择工具箱中的魔棒工具，选中属性栏中的"连续"复选框，在窗口中单击白色边框之外的位置，载入图像选区。

（2）新建"图层 3"，按"Alt+Delete"组合键将选区填充为白色，按"Ctrl+D"组合键取消选区，效果如图 1-21 所示。

图 1-21

（3）选择工具箱中的橡皮擦工具 ，在属性栏上设置画笔为"柔角画笔"，不透明度为"100%"，将窗口中白色相框以外马尾的多余部分进行擦除，效果如图 1-22 所示。

（4）双击"图层 3"后面的空白处，在打开的对话框中选中"描边"复选框。设置大小为"3"，描边的颜色为浅灰色（R:230，G:230，B:230），单击"确定"按钮。

（5）选择【图像】/【画布大小】命令，在打开的"画布大小"对话框中设置宽度为"55厘米"，其他参数不变，单击"确定"按钮，参数设置如图 1-23 所示。

图 1-22   图 1-23

1.3.3　制作投影效果

（1）新建"图层 4"，选择工具箱中的矩形选框工具 ，在窗口中绘制矩形选区。

（2）设置前景色为黑色，按"Alt+Delete"组合键将选区填充为前景色，按"Ctrl+D"组合键取消选区。

（3）选择【编辑】/【变换】/【扭曲】命令，打开自由变换调节框，拖动角点将其变形，按"Enter"键确定变形，效果如图 1-24 所示。

（4）设置"图层 4"的不透明度为 60。

（5）将"图层 2"放置在"图层 4"之上，选择"图层 4"，选择橡皮擦工具 ，将窗口中阴影处多余部分擦除，效果如图 1-25 所示。

图 1-24   图 1-25

（6）选择【滤镜】/【模糊】/【高斯模糊】命令，在打开的"高斯模糊"对话框中设置半径为 8，单击"确定"按钮，完成本例的制作。

1.4 制作房地产路牌广告

本例将利用矩形选框工具绘制路牌广告的旗杆支架和旗面,然后加入相关的图片素材,最后输入文字,最终效果如图 1-26 所示。

图 1-26

素材文件\第 1 章\房地产路牌广告\效果图.jpg…
最终效果\第 1 章\房地产路牌广告.psd

本例的制作思路如图 1-27 所示,涉及的知识点有叠加绘制选区、设置图层不透明度、斜面和浮雕图层样式、输入文字和直线工具,其中叠加绘制选区是本例制作的重点。

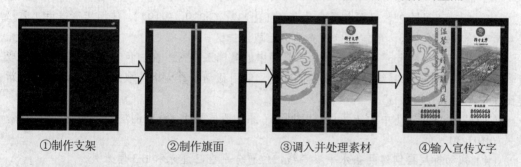

①制作支架　　　　②制作旗面　　　　③调入并处理素材　　　④输入宣传文字

图 1-27

1.4.1 利用选框工具绘制支架

(1)选择【文件】/【新建】命令,新建一个图像文件,设置图像大小为 8 厘米×8.5 厘米。

（2）按"Ctrl+R"组合键显示标尺，拖动标尺创建如图1-28所示的水平和垂直参考线。

（3）按"D"键复位前景色和背景色，设置背景色为灰色（R:171，G:174，B:180），然后按"Alt+Delete"组合键填充前景色。

（4）新建"图层 1"，选择工具箱中的矩形选框工具，按住"Shift"键不放的同时沿参考线连续绘制3个矩形选区，用背景色填充选区，效果如图1-29所示，然后取消选区。

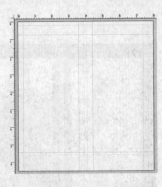 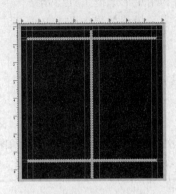

图1-28   图1-29

（5）选择【图层】/【图层样式】/【斜面和浮雕】命令，在打开的对话框中设置样式为外斜面，"深度"为100，"大小"为5，"角度"为30，单击"确定"按钮，完成绘制。

 提示 在图像中创建了参考线后，绘制选区时，选区边缘会自动吸附到参考线上，这样可以准确沿参考线绘制选区。

1.4.2 调入并处理图片素材

（1）新建"图层2"，设置前景色为黄色（R:232，G:229，B:194），使用矩形选框工具沿参考线绘制矩形选区，用前景色填充选区后取消选区。

（2）打开"凤纹.jpg"图像，选择工具箱中的魔棒工具，在白色背景图像上单击选取背景，按"Ctrl+Shift+I"组合键反选图像选区，使用移动工具将选取的图像拖动复制到新建图像中，生成"图层3"。

（3）载入"图层2"中的选区，为"图层3"添加图层蒙版，设置图层的不透明度为30%，效果如图1-30所示。

（4）拖动标尺再创建两条水平参考线，位置分别在2厘米和6.3厘米处。

（5）新建"图层4"，设置前景色为白色，使用矩形选框工具沿参考线绘制矩形选区，用前景色填充选区，取消选区。

（6）打开"效果图.jpg"图像，使用工具箱中的移动工具，将打开的图像拖动复制到新建图像中，生成"图层5"，将复制后的图像沿参考线进行对齐，效果如图1-31所示。

（7）打开"标志.jpg"图像，选择工具箱中的魔棒工具，在白色背景图像上单击选取背景，按"Ctrl+Shift+I"组合键反选图像选区，使用移动工具将选取的图像拖动复制到新建图像中，生成"图层6"，将其调整到如图1-32所示的位置，完成图片素材的添加。

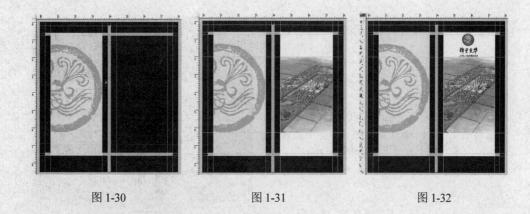

图 1-30　　　　　　　　图 1-31　　　　　　　　图 1-32

1.4.3　输入宣传文字

（1）使用直排文字工具 T 分别输入 "温馨和睦光耀门庭" 和 "COMMUNITYGLOD ROUS KINDPUED" 文本，设置字体分别为方正黄草简体和黑体，字号分别为 20 点和 10 点，颜色为红色（R:200，G:31，B:5），效果如图 1-33 所示。

（2）在两个吊旗底部分别输入 "查询热线"、"8696969" 和 "8969696" 文本，设置字体为黑体，字号分别为 6 点、12 点和 12 点，颜色为黑色。

（3）按 "Ctrl+R" 和 "Ctrl+H" 组合键分别隐藏标尺和参考线，新建 "图层 7"，设置前景色为黑色，选择直线工具 、，设置粗细为 4px，分别沿 "查询热线" 文本两侧绘制直线，效果如图 1-34 所示，完成实例的制作。

图 1-33　　　　　　　　　　　　　　図 1-34

1.5　制作计算机图书封面

实例目标

本例将设计一个 16 开大小的书籍封面，书名为 "Photoshop CS3 职场实战"，为了更好地展示效果，需制作一个简单的书籍装帧的立体效果，最终效果如图 1-35 所示。

素材文件\第 1 章\计算机图书封面\素材 1.jpg…
最终效果\第 1 章\计算机图书封面平面效果.psd、计算机图书封面平面立体效果.psd

图 1-35

制作思路

　　本例只需先制作出封面展开的平面图，然后再将平面图变换成立体图即可，制作书籍封面展开图时可以先划分出封底、书脊和封面分别所在区域，然后再对各个区域添加图像元素即可。本例的制作思路如图 1-36 所示，涉及的知识点有选区的创建与填充、自由变换图像、图层样式和输入文字，其中变换图像是本例制作的重点。

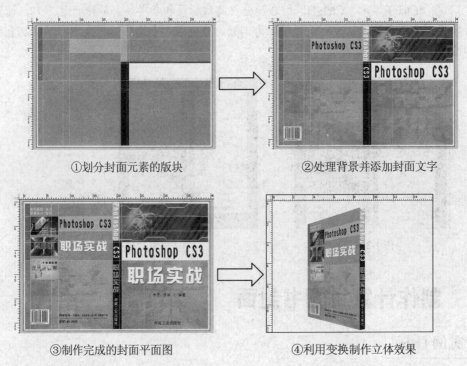

①划分封面元素的版块　　　　　②处理背景并添加封面文字

③制作完成的封面平面图　　　　④利用变换制作立体效果

图 1-36

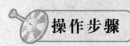

提示　16 开书籍的规格为 185mm×260mm，书脊的宽度为 13.8mm，版面四周要增加 3mm 的出血区域，所以整个封面的宽度应用 389.8mm（3+185+13.8+185+3=389.8），高度应为 266mm（3+260+3=266）。作品在打印或印刷输出时，一般都要进行出血设置，但为了尽量避免出错，最好在作品制作过程中设置好出血区域。

操作步骤

1.5.1　利用参考线划分版块

（1）新建一个图像文档，宽度、高宽、分辨率、颜色模式和背景颜色分别为 389.8 毫米、266 毫米、300 像素/英寸、RGB 颜色和白色。

（2）按 "Ctrl+R" 组合键显示标尺，将鼠标指针分别放置到水平和垂直标尺上后向图像内部拖动创建多条水平和垂直参考线，划分出封底、书脊和封面所在的区域，效果如图 1-37 所示。

（3）新建 "图层 1"，设置前景色为灰色（R:6，G:232，B:234），使用矩形选框工具沿参考线绘制出封底、书脊和封面所在的选区，然后用前景色填充选区。

（4）取消选区，继续创建水平和垂直参考线，完成后使用矩形选框工具沿新创建的参考线绘制并填充选区，填充的颜色分别为深灰色（R:79，G:96，B:109）、浅灰色（R:154，G:179，B:197）、黑色和白色，完成封面版块的划分，效果如图 1-38 所示。

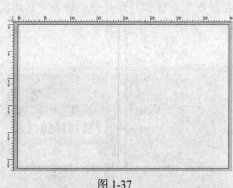

图 1-37

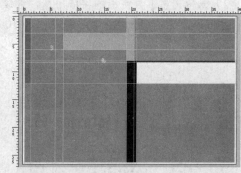

图 1-38

提示　进行图书装帧设计时，应先确定作品的主色调，以后添加后的图像元素应根据主色调来进行组合，如果色彩不匹配，可通过色彩调整命令来修改。

1.5.2　处理封面背景

（1）打开 "素材 1.jpg" 图像，将其拖动复制到新建图像中，然后通过变换操作将其调整到封面的顶部。

（2）打开"素材 2.jpg"，将其拖动复制到新图像中，并调整到封底和封面的底部，效果如图 1-39 所示。

（3）将步骤（2）中复制创建的两个图层的不透明度都设置为 20%，打开"条码.jpg"，将其拖动复制到新建图像中，并将其调整到封底的左下侧，效果如图 1-40 所示。

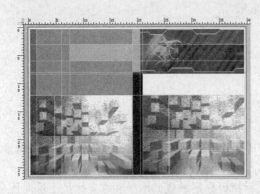 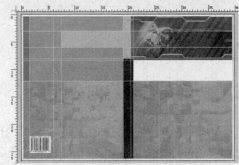

图 1-39　　　　　　　　　　　　　　　　图 1-40

1.5.3　添加封面文字

（1）使用横排和直排文字工具在封底、书脊和封面处分别输入"Photoshop CS3"文本，字体都为方正综艺简体，字号从左到右分别为 42 点、32 点和 68 点，垂直缩放 130%，效果如图 1-41 所示。

（2）保持文字工具使用的字体不变，继续在封底、书脊和封面处分别输入"职场实战"文本，字号从左至右分别为 64 点、37 点和 100 点，效果如图 1-42 所示。

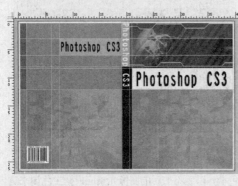 

图 1-41　　　　　　　　　　　　　　　　图 1-42

（3）为封底和封面处"职场实战"文本所在的文本图层分别添加"投影"图层样式，其参数设置分别如图 1-43 和图 1-44 所示。

（4）继续使用文字工具在图像中输入关于书籍封面的其他文本提示信息。

（5）调入素材中的"素材 3.jpg"和"素材 5.jpg"到当前编辑图像中，并将它们分别调整到封底左上侧，至此，书籍封面展开图制作完毕，效果如图 1-45 所示。

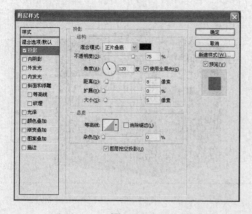
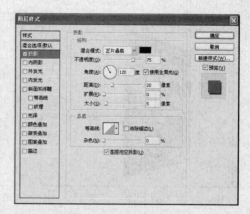

图 1-43　　　　　　　　　　　　　　　　　图 1-44

图 1-45

 提示　如果图像中有多个相同内容的文本图层，可只创建一个文本图层，然后复制出另外的文本图层即可，字体的大小可以通过图像变换来快速改变。

1.5.4　利用变换操作制作封面立体效果

（1）新建一个背景内容为白色的图像文档，其他参数设置与前面创建的封面平面图像文档一样。

（2）使用矩形选框工具选取在平面展开图绘制出封底所在的选区，拖动选区内的图像到新创建的图像窗口中，此时系统会自动将复制生成的图像放置在新图层"图层 1"中，然后使用变换工具将复制生成的图像进行变换。

（3）复制平面展开图中的书脊到新建图像中，并对其进行变换，效果如图 1-46 所示。

（4）继续复制封面到新建图像中，并将其变换调整到如图 1-47 所示的效果。

（5）选择工具箱中的加深工具，在变换后的封面左侧边缘快速涂抹，以降低其亮度，目的是为了体现出书脊与封面之间的层次感。本例制作完成。

图 1-46   图 1-47

1.6　制作数码相机广告

本例将为一款数码相机设计一个产品宣传广告，整个广告要给人亲切、时尚的感觉，画面要突出产品的精彩拍摄效果，最终效果如图 1-48 所示。

素材文件\第 1 章\数码相机广告\情侣.tif…
最终效果\第 1 章\数码相机广告.psd

图 1-48

　制作思路

本例需要先准备好广告中的文字内容，文字不宜过多，而且要比较精练，图片的选材也是比较重要的，本例选取的是一张充满活力的青年人照片和一张活泼的儿童照片，然后对其效果加以处理，以突出照片效果。本例的制作思路如图 1-49 所示，涉及的知识点有钢笔工具、"高斯模糊"命令、矩形选框工具、"色彩平衡"命令、羽化选区、橡皮擦工具、自由变换图像、图层蒙版和输入文字，其中制作照片的卷边效果以及文字工具的应用是本例制作的重点。

①制作照片卷起效果　　　②处理并放置另一照片　　　③添加文字元素

图 1-49

1.6.1　选取与处理照片—素材

（1）打开"情侣.tif"素材文件，选择工具箱中的多边形套索工具，在窗口中绘制选区，选取男性人物的上半部分，效果如图 1-50 所示。

（2）按"Ctrl+J"组合键，复制选区内容，自动生成"图层 1"，按"Ctrl+D"组合键取消选区，单击"情侣"图层的"指示图层可视性"图标，隐藏该图层，以便观察，效果如图 1-51 所示。

图 1-50

图 1-51

（3）单击图标，显示并选择该图层，选择工具箱中的矩形选框工具，绘制矩形选区，效果如图 1-52 所示，按"Ctrl+J"组合键，复制成"图层 2"。

（4）按"Ctrl+D"组合键取消选区，单击"情侣"图层的图标，隐藏该图层，效果如图 1-53 所示。

图 1-52

图 1-53

（5）按住"Ctrl"键不放，单击"图层 2"的缩略图，载入图形外轮廓选区。

（6）新建"图层 3"，选择【选择】/【修改】/【扩展】命令，在打开的对话框中设置扩展量为 5 像素，单击"确定"按钮。

（7）设置前景色为棕黄色（R:239，G:211，B:167），按"Alt+Delete"组合键填充前景色，将"图层 3"拖动至"图层 2"下方，按"Ctrl+D"组合键取消选区，效果如图 1-54 所示。

图 1-54

（8）按住"Ctrl"键不放，选择"图层 1"、"图层 2"和"图层 3"，按"Ctrl+E"组合键，合并选择图层，更改其名称为"跳跃"。按"Ctrl+J"组合键，复制生成"跳跃副本"图层。

（9）选择【滤镜】/【模糊】/【高斯模糊】命令，在打开的对话框中设置半径为 2 像素，单击"确定"按钮。

（10）更改"跳跃 副本"图层的混合模式为叠加，不透明度为 50%。按"Ctrl+E"组合键，向下合并图层，生成新的"跳跃"图层。

（11）按"Ctrl+M"组合键，打开"曲线"对话框，调整曲线，设置参数如图 1-55 所示，单击"确定"按钮，此时人物亮度将会提高。

图 1-55

（12）按"Ctrl+B"组合键，打开"色彩平衡"对话框，设置参数为-69、-55 和 23，单击"确定"按钮，此时人物色彩更加鲜明。

（13）按住"Ctrl"键不放，单击"跳跃"图层的缩略图，载入图形外轮廓选区。按"Ctrl+Alt+D"组合键，打开对话框，设置羽化半径为 6 像素，单击"确定"按钮。

（14）设置前景色为黑色，新建"图层 1"，按"Alt+Delete"组合键，填充前景色，效果如图 1-56 所示。

（15）将"图层 1"拖动至"跳跃"图层下方，按"Ctrl+T"组合键，打开自由变换调节框，旋转并调整其位置，双击确认变换，效果如图 1-57 所示。

图 1-56　　　　　　　　　　　　　　　　　　图 1-57

（16）选择工具箱中的橡皮擦工具 ，在属性栏中设置画笔大小为柔角 65 像素。在窗口擦除左方及右方的阴影部分，效果如图 1-58 所示。

（17）取消选区，同时选择"图层 1"和"跳跃"图层，按"Ctrl+E"组合键，合并选择图层，更改图层名称为"跳跃"，完成对照片的处理。

图 1-58

1.6.2　选取与处理照片二素材

（1）打开"男孩.tif"素材文件，按"Ctrl+J"组合键复制生成"图层 1"图层，重命名为"男孩"。

（2）选择工具箱中的多边形套索工具 ，在窗口中绘制选区，选取男孩人物的上半身部分，如图 1-59 所示。

（3）按"Ctrl+J"组合键，复制选区内容，自动生成"图层 1"。

（4）单击"男孩"图层的"指示图层可视性"图标 ，隐藏该图层，效果如图 1-60 所示。

（5）单击"男孩"图层的"指示图层可视性"图标 ，显示该图层并选择该图层。

（6）选择工具箱中的矩形选框工具 ，在窗口中绘制矩形选区，选取人物下半部分。

图 1-59   图 1-60

（7）选择"男孩"图层，按"Ctrl+J"组合键，复制选区内容，自动生成"图层 2"。

（8）单击"男孩"图层的"指示图层可视性"图标，隐藏该图层。

（9）按住"Ctrl"键不放，单击"图层 2"的缩略图，载入图形外轮廓选区。

（10）选择【选择】/【修改】/【扩展】命令，打开"扩展选区"对话框，设置扩展量为 5 像素，单击"确定"按钮，效果如图 1-61 所示。

（11）单击"创建新图层"按钮，新建"图层 3"，设置前景色为棕黄色（R:239，G:211，B:167），按"Alt+Delete"组合键，填充前景色。

（12）将"图层 3"拖动至"图层 2"下方，此时图像中的矩形选框边缘将出现棕黄色的描边，效果如图 1-62 所示。

图 1-61   图 1-62

（13）同时选择"图层 1"、"图层 2"和"图层 3"，按"Ctrl+E"组合键，合并选择的图层，更改名称为"仰望"，按"Ctrl+J"组合键，复制生成"仰望副本"图层。

（14）选择【滤镜】/【模糊】/【高斯模糊】命令，打开"高斯模糊"对话框，设置半径为 2，单击"确定"按钮。

（15）设置"仰望 副本"图层的混合模式为柔光，此时图像中的画面颜色将变得更鲜艳，效果如图 1-63 所示。

（16）按"Ctrl+E"组合键合并"仰望"图层和"仰望 副本"图层生成"仰望"图层，按"Ctrl+M"组合键，打开"曲线"对话框，调整曲线形状，单击"确定"按钮，提升图像中的画面亮度，效果如图 1-64 所示。

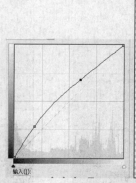

图 1-63   图 1-64

（17）按住"Ctrl"键不放，单击"仰望"图层的缩略图，载入图形外轮廓选区，按"Ctrl+Alt+D"组合键，打开"羽化选区"对话框，设置羽化半径为 6 像素，单击"确定"按钮。

（18）新建"图层 1"，设置前景色为黑色，按"Alt+Delete"组合键，填充前景色，效果如图 1-65 所示。

（19）将"图层 1"拖动至"仰望"图层下方。按"Ctrl+T"组合键，打开自由变换调节框，旋转调整其位置，双击确认变换，效果如图 1-66 所示。

（20）选择工具箱中的橡皮擦工具 ，在属性栏中设置画笔大小为柔角 65 像素，在窗口擦除左方及右方的阴影部分。

（21）同时选择"图层 1"和"仰望"图层，按"Ctrl+E"组合键，合并选择的图层，更改图层名称为"仰望"，完成素材的处理，效果如图 1-67 所示。

图 1-65   图 1-66   图 1-67

1.6.3　选取并调入相机图像

（1）打开"相机.tif"素材文件，选择工具箱中的矩形选框工具 ，在窗口中绘制矩形选区，选取相机主体，效果如图 1-68 所示。

（2）单击属性栏中的"添加到选区"按钮 ，在窗口中绘制矩形选区，选取相机上方快门按钮，效果如图 1-69 所示。

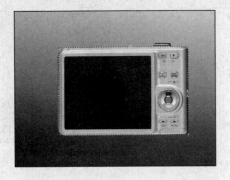
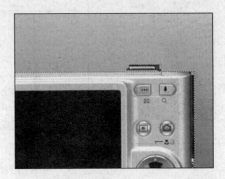

图 1-68   图 1-69

（3）单击属性栏中的"从选区减去"按钮 ，在窗口中绘制选区，分别选取相机 4 个方向的缺角部分及相机快门边缘部分。

（4）按"Ctrl+J"组合键，复制选区内容，自动生成"图层 1"，并更改其名称为"数码相机"，单击"背景"图层的"指示图层可视性"图标 ，隐藏该图层，效果如图 1-70 所示。

（5）打开"背景.tif"素材文件，选择工具箱中的移动工具 ，将"数码相机"图像拖动到"背景"文件窗口中。

（6）按"Ctrl+T"组合键，打开自由变换调节框，调整其位置，按住"Shift"键不放，等比例缩小，按"Enter"键确认变换，效果如图 1-71 所示。

图 1-70   图 1-71

1.6.4   合成背景与各图像素材

（1）选择工具箱中的移动工具 ，将"仰望"图像拖动到"背景"文件窗口中，按

"Ctrl+T"组合键，打开自由变换调节框，调整其位置，按住"Shift"键不放，等比例缩小，按"Enter"键确认变换，效果如图1-72所示。

（2）选择工具箱中的移动工具 ，将"跳跃"图像拖动到"背景"文件窗口中。

（3）按"Ctrl+T"组合键，打开自由变换调节框，调整其位置，按住"Shift"键不放，等比例缩小，按"Enter"键确认变换，效果如图1-73所示。

图 1-72

图 1-73

（4）选择"数码相机"图层，按"Ctrl+J"组合键，复制生成"数码相机副本"图层，选择【编辑】/【变换】/【垂直翻转】命令，选择工具箱中的移动工具 ，将其拖动至"数码相机"下方，效果如图1-74所示。

（5）单击"图层"面板下方的"添加图层蒙版"按钮 ，为其添加图层蒙版。

（6）设置前景色为黑色，背景色为白色，选择工具箱中的渐变工具 ，在属性栏中设置渐变为背景到前景，按住"Shift"键不放，从"数码相机"下方向上垂直拖动填充渐变，制作数码相机倒影。

（7）按"Ctrl+Shift+Alt+E"组合键，盖印可见图层，自动生成"图层1"，按"Ctrl+M"组合键，打开"曲线"对话框，调整曲线，使图像整体变亮，完成广告画面的制作，效果如图1-75所示。

图 1-74

图 1-75

提示 盖印图层是指将当前图像中的所有可见图层合并成一个新的图层，但会保留原来所有单个的图层，这样便于对图像进行整体调整，同时也利于后期修改，在设计中使用较多。

1.6.5 编辑文字

（1）选择工具箱中的横排文字工具 T，在属性栏中设置字体为文鼎中特广告体，字体大小为 20 点，文本颜色为白色，单击图像左方输入广告语"告别相框束缚 释放生活激情"，按"Ctrl+Enter"组合键确认输入，并设置该图层不透明度为 70%。

（2）选择工具箱中的横排文字工具 T，在属性栏中设置字体为经典粗仿黑，字体大小为 60 点，文本颜色为白色，在广告语下方输入产品名字"酷能"，按"Ctrl+Enter"组合键确认输入，效果如图 1-76 所示。

（3）双击文字图层空白处，打开"图层样式"对话框，单击"渐变叠加"复选框后的名称，设置不透明度为 100，缩放为 70，单击属性栏中的"渐变色"选择框 ，打开对话框，设置位置 0 的颜色为红色（R:237，G:138，B:7）；位置 50 的颜色为黄色（R:255，G:255，B:0）；位置 100 的颜色为红色（R:237，G:138，B:7），单击"确定"按钮。

（4）单击"描边"复选框后的名称，设置大小为 2 像素，颜色为黑色，单击"确定"按钮，效果如图 1-77 所示。

图 1-76

图 1-77

（5）选择工具箱中的横排文字工具 T，在属性栏中设置字体为经典长宋繁，字体大小为 20 点，文本颜色为白色，输入产品宣传语"酷者，能也。"，按"Ctrl+Enter"组合键确认输入。

（6）选择工具箱中的横排文字工具 T，在属性栏中设置字体为经典长宋繁，字体大小为 30 点，文本颜色为白色，单击产品名称下方输入"全球限量发售"，按"Ctrl+Enter"组合键确认输入，效果如图 1-78 所示。

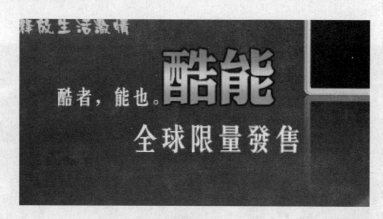

图 1-78

（7）双击"全球限量发售"图层后面的空白处，单击"描边"复选框后面的名称，设置大小为 2 像素，颜色为黑色，单击"确定"按钮。此时文字边缘将出现黑色描边。

（8）设置前景色为白色，选择工具箱中的横排文字工具 T，在属性栏中设置字体为小标宋，字体大小为 10 点。输入文字"采用国际顶尖阿尔莫法镜头，3000 万有效像素，40 倍光学变焦，智能协调系统，工作时间长达 400 小时，潜水深度可达 50 米。"，效果如图 1-79 所示。至此，完成本例的制作。

图 1-79

1.7　课后练习

根据本章所学内容，动手完成以下实例的制作。

练习 1　制作旅游宣传单

运用图像的选取、羽化选区、移动图像、自由变换图像、形状工具、输入文字等知识制作如图 1-80 所示的旅游宣传单。

图 1-80

素材文件\第 1 章\课后练习\旅游宣传单\风景 1.jpg~风景 7.jpg
最终效果\第 1 章\课后练习\旅游宣传单.psd

练习 2　办公楼效果图后期处理

本练习将为使用 3ds max 制作输出后的办公楼效果图进行配景后期处理，将运用到图像的移动、复制、变换以及图层的链接和对齐等操作，完成后的效果如图 1-81 所示。

素材文件\第 1 章\课后练习\办公楼配景素材\办公楼.jpg、天空.jpg、地面.jpg、远景.jpg…
最终效果\第 1 章\课后练习\办公楼后期处理效果图.psd

图 1-81

练习 3 制作手机招贴

运用套索工具、椭圆工具、魔棒工具、文字工具和自定义形状工具，以及选区的填充、描边、羽化、移动等操作，制作如图 1-82 所示的手机招贴。

素材文件\第 1 章\课后练习\手机招贴\人物.jpg、手机.jpg

最终效果\第 1 章\课后练习\手机招贴.psd

图 1-82

练习 4　制作少儿科普教育书封面

运用磁性套索工具、文字工具、"羽化"命令以及图像的复制、粘贴、变换等操作制作出如图 1-83 所示的少儿科普教育书封面效果。

素材文件\第 1 章\课后练习\少儿科普教育书封面\城堡.jpg、女孩.jpg

最终效果\第 1 章\课后练习\少儿科普教育书封面.psd

图 1-83

练习 5　制作 MP3 宣传广告

本练习将几幅图像素材合成一幅 MP3 宣传广告，将运用到渐变工具、加深工具、椭圆选框工具以及复制图像、自由变换图像等操作，最终效果如图 1-84 所示。

素材文件\第 1 章\课后练习\ MP3 宣传广告\产品 1.jpg、产品 2.jpg、人物.jpg

最终效果\第 1 章\课后练习\MP3 宣传广告.psd

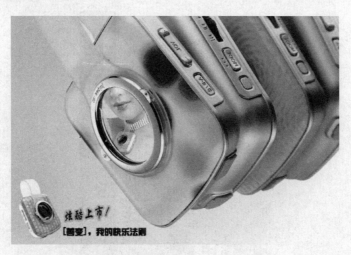

图 1-84

练习 6　制作化妆品广告

运用魔棒工具、移动工具、橡皮擦工具、文字工具以及选区的描边、填充、移动等操作制作如图 1-85 所示的化妆品广告。

素材文件\第 1 章\课后练习\化妆品广告\人物 1.jpg、人物 2.jpg、花卉.jpg

最终效果\第 1 章\课后练习\化妆品广告.psd

图 1-85

练习 7　制作手表杂志广告

运用渐变工具、自由变换工具、文字工具等制作如图 1-86 所示的手表杂志广告。

素材文件\第 1 章\课后练习\手表杂志广告\天空.jpg、女孩.jpg、手表.jpg

最终效果\第 1 章\课后练习\手表杂志广告.psd

图 1-86

练习 8　制作手机 DM 宣传单

根据提供的素材，运用矩形选框工具、画笔工具、文字工具以及移动图像、删除图像、自由变换图像、图层的操作制作如图 1-87 所示的手机 DM 宣传单。

素材文件\第 1 章\课后练习\手机 DM 单\脸谱 1.jpg、脸谱 2.jpg、手机 1.jpg、手机 2.jpg…
最终效果\第 1 章\课后练习\手机 DM 宣传单.psd

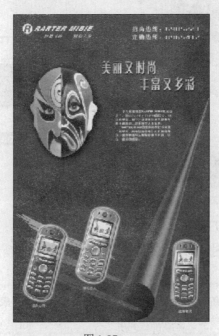

图 1-87

练习 9　制作口红广告

运用移动工具、多边形套索工具、文字工具以及图形变换和投影图层样式操作制作如图 1-88 所示的口红广告。

素材文件\第 1 章\课后练习\口红广告\人物.jpg、口红.jpg

最终效果\第 1 章\课后练习\口红广告.psd

图 1-88

第 2 章
绘制与修饰图像

　　Photoshop CS3 提供了画笔工具、铅笔工具、形状工具、图章工具、橡皮擦工具、加深与减淡工具、模糊工具、涂抹工具、修复工具等绘制与修饰图像的工具，可以在图像处理过程中绘制图形或对图像颜色与瑕疵进行处理。本章将以 7 个制作实例来介绍绘制与修饰图像的相关操作，并将涉及第 1 章的选区与图像编辑操作以及图层、路径和部分色彩调整命令的使用。

本章学习目标：
- 绘制涂鸦水彩画
- 制作人物彩妆效果
- 制作羽毛特效
- 制作信签纸
- 制作啤酒活动宣传海报
- 制作写字楼销售宣传单
- 制作手机广告

2.1　绘制涂鸦水彩画

实例目标

本例将使用画笔工具和涂抹工具绘制效果如图 2-1 所示的水彩画效果。

最终效果\第 2 章\涂鸦水彩画.psd

图 2-1

制作思路

本例的制作思路如图 2-2 所示，涉及的知识点有画笔工具和涂抹工具，其中涂抹工具的使用是本例的制作重点。

①填充颜色　　　　②绘制假山　　　　③绘制叶和茎　　　　④绘制花朵

图 2-2

操作步骤

（1）新建"涂鸦艺术"文件，图像宽度和高度都设为 16 厘米，分辨率设为 72 像素/英寸。

（2）设置前景色为暗黄色（R:211，G:208，B:177），按"Alt+Delete"组合键填充前景色，效果如图 2-3 所示。

（3）新建"图层 1"，选择画笔工具 ∥，在属性栏中选择"尖角 70 像素"画笔，设置不透明度和流量为 100%。

（4）设置前景色为深棕色（R:113，G:74，B:7），在窗口右下方涂抹绘制，再将前景色设为黑色，在绘制的深棕色图形上涂抹绘制少量黑色，效果如图 2-4 所示。

（5）选择涂抹工具 ∥，在属性栏中选择"柔角 50 像素"画笔，设置强度为"60%"，在窗口中的棕、黑色图像上随意涂抹，形成类似泥土假山的形状，效果如图 2-5 所示。

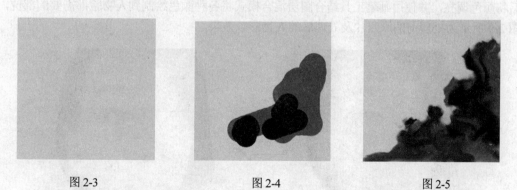

图 2-3　　　　　　　　　　图 2-4　　　　　　　　　　图 2-5

（6）新建"图层 2"，设置前景色为深绿色（R:15，G:87，B:5），选择画笔工具 ∥，在假山图像的中部边缘处单击，绘制一个深绿色圆点。

（7）选择涂抹工具 ∥，在属性栏中设置强度为"70%"，在绿色图像位置涂抹，形成兰草叶子，效果如图 2-6 所示。

（8）设置涂抹工具的"强度"为 100%，并选择较小的尖角画笔，在叶子上涂抹绘制出两根绿色的茎。

（9）新建"图层 3"，设置前景色为浅紫色（R:198，G: 107，B:255），选择画笔工具，缩小画笔主直径，在两根茎的顶端单击绘制两个紫色圆点，效果如图 2-7 所示。

（10）选择涂抹工具，按"]"键增大画笔主直径，在紫色圆点上涂抹，绘制出紫色花朵的形状。

（11）新建"图层 4"，选择画笔工具，选择"尖角 3 像素"画笔，设置前景色为黄色（R:255，G:246，B:0），在花朵的中心单击，绘制黄色点状花蕊，效果如图 2-8 所示，将图像保存为"涂鸦水彩画.psd"，完成本例的绘制。

图 2-6　　　　　　　　　　图 2-7　　　　　　　　　　图 2-8

2.2　制作人物彩妆效果

实例目标

本例讲解的是人物的照片美容技术，首先使用修复工具将面部的黑痣等瑕疵处理掉，然后将颜色调亮，并使用画笔工具结合图层混合模式将各种颜色绘制到人物脸部需要的部位，图 2-9 所示为处理前的原照片及处理后的人物彩妆效果。

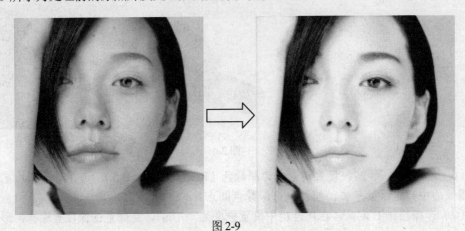

图 2-9

素材文件\第 2 章\人物彩效果\美女.tif

最终效果\第 2 章\人物彩妆效果.psd

制作思路

本例的制作思路如图 2-10 所示，涉及的知识点有修补工具、钢笔工具、加深工具、橡皮擦工具、锐化工具、画笔工具、"色阶"命令、"曲线"命令和图层混合模式，其中皮肤颜色的处理以及上色方法是本例的制作重点。

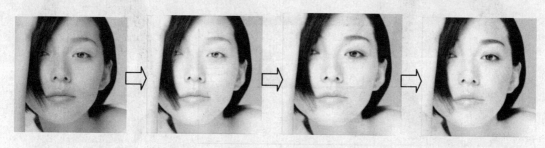

①用修补工具去除黑痣　　②美白皮肤　　③绘制嘴唇颜色　　④最终化装效果

图 2-10

操作步骤

（1）打开"美女.tif"素材文件，拖动"背景"图层到"图层"面板下方的"创建新图层"按钮上，复制出"背景副本"图层。

（2）选择工具箱中的修补工具，框选人物面部比较明显的黑痣，将框选区域拖动到无黑痣且肤色相似的面部区域，松开鼠标后完成去痣处理。

（3）选择工具箱中的快速选择工具，单击人物面部皮肤创建选区，按"Ctrl+Alt+D"组合键，打开"羽化选区"对话框，设置羽化半径为 5 像素，单击"确定"按钮。

（4）按"Ctrl+J"组合键复制选区内的图像到"图层 1"，效果如图 2-11 所示。

（5）按"Ctrl+M"组合键打开"曲线"对话框，在对话框中调整曲线参数"输出"为189，"输入"为 152，单击"确定"按钮，参数设置效果如图 2-12 所示。

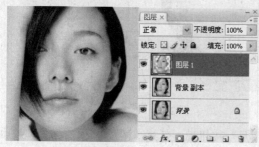

图 2-11

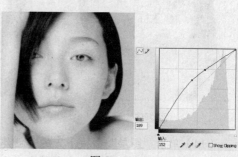

图 2-12

（6）按"Ctrl+L"组合键打开"色阶"对话框，在对话框中设置输入色阶参数为 0、1.10 和 240，单击"确定"按钮，设置与效果如图 2-13 所示。

（7）选择【图像】/【调整】/【亮度/对比度】命令，在打开的对话框中设置"亮度"为 0，"对比度"为 10，单击"确定"按钮。

（8）选择工具箱中的加深工具 ，在属性栏中选择"柔角 25 像素"画笔，"范围"为 "中间调"，"曝光度"设为 20%，在眼睛和眉毛处涂抹加深图像颜色。

（9）选择工具箱中的减淡工具 ，在属性栏中选择"柔角 90 像素"画笔，将"曝光度" 设为 20%，将对肩部、额头和头发边缘部分进行减淡处理，效果如图 2-14 所示。

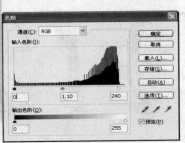

图 2-13 图 2-14

（10）按"Ctrl+E"组合键向下合并图层，得到新的"背景副本"图层，选择工具箱中的钢笔工具 ，单击属性栏中的"路径"按钮，沿嘴唇边缘绘制路径。

（11）按"Ctrl+Enter"组合键将路径转换选区，按"Ctrl+Alt+D"组合键打开"羽化" 对话框，设置羽化半径为 3 像素，单击"确定"按钮，效果如图 2-15 所示。

（12）按"Ctrl+J"组合键复制选区内容到新的图层，得到"图层 1"。按住"Ctrl"键不放，单击"图层 1"前面的缩览图，载入"图层 1"的选区。

（13）设置前景色为粉红色（R:252，G:135，B:147），按"Alt+Delete"组合键填充前景色，再按"Ctrl+D"组合键取消选区，设置"图层 1"的图层混合模式为"颜色"，效果如图 2-16 所示。

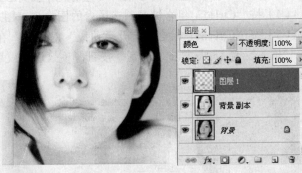

图 2-15 图 2-16

（14）单击"图层"面板下方的"创建新图层"按钮 ，新建"图层 2"。选择工具箱中的画笔工具 ，选择"柔角 200 像素"画笔，在人物左右两侧脸部绘制涂抹前景色颜色，效果如图 2-17 所示。

（15）完成后设置"图层 2"的图层混合模式为"色相"，选择工具箱中的橡皮擦工具  ，擦除人物左脸上多余的部分图像，效果如图 2-18 所示。

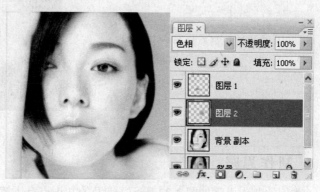

图 2-17   图 2-18

（16）单击"图层"面板下方的"创建新图层"按钮 ，新建"图层 3"。选择工具箱中的画笔工具 ，选择"柔角 75 像素"画笔，沿着人物眼皮处绘制前景色，完成后设置"图层 3"的图层混合模式为色相，完成眼影的添加，效果如图 2-19 所示。

（17）选择工具箱中的锐化工具 ，选择"柔角 46 像素"画笔，设置属性栏中的"强度"为 30%，在人物眉毛、睫毛和眼珠处进行锐化处理，效果如图 2-20 所示，至此，完成本例的制作。

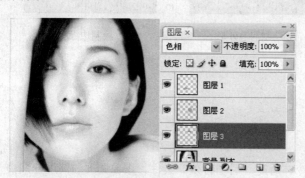

图 2-19   图 2-20

2.3   制作羽毛特效

实例目标

本例将使用钢笔工具和渐变工具以及选区的羽化与填充等操作先绘制羽毛的形状轮廓，再使用画笔工具、涂抹工具和"定义画笔预设"命令制作出羽毛边缘的绒毛效果。最终效果如图 2-21 所示。

图 2-21

最终效果\第 1 章\羽毛特效.psd

 制作思路

本例的制作思路如图 2-22 所示，涉及的知识点有钢笔工具、渐变工具、画笔工具和涂抹工具，其中绘制羽毛外形和涂抹工具的使用是本例的制作重点。

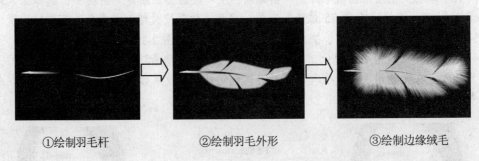

①绘制羽毛杆　　　　　　　②绘制羽毛外形　　　　　　　③绘制边缘绒毛

图 2-22

 **操作步骤**

2.3.1　绘制羽毛形状轮廓

（1）选择【文件】/【新建】命令，新建"羽毛特效"文件，图像宽度和高度分别为 12 厘米和 9 厘米，分辨率为 96 像素/英寸。

（2）单击工具箱中的设置前景色按钮█，打开"拾色器"对话框，设置颜色为黑色，按"Alt+Delete"组合键，将背景填充为黑色。

（3）选择工具箱中的钢笔工具█，单击属性栏中的"路径"按钮█，在窗口中绘制羽毛杆路径。

（4）单击"图层"面板下方的"创建新图层"按钮█，新建"图层 1"，按"Ctrl+Enter"组合键，将路径转换为选区，选择工具箱中的渐变工具█，单击属性栏中的"对称渐变"按钮█，在选区内自左上向右下拖移填充渐变色，效果如图 2-23 所示。

（5）取消选区后按"Ctrl+T"组合键打开自由变换调节框，向上拖动调节框下方中间的节点，调整好图形的大小，按"Enter"键确认变换。

（6）新建"图层 2"，选择工具箱中的钢笔工具，在窗口中绘制羽毛形状的路径，完成后按"Ctrl+Enter"组合键将路径转换为选区。

（7）设置前景色为黄色（R:222，G:255，B:39），按"Ctrl+Alt+D"组合键打开"羽化选区"对话框。设置羽化半径为 2 像素，单击"确定"按钮，按"Alt+Delete"组合键填充前景色，效果如图 2-24 所示。

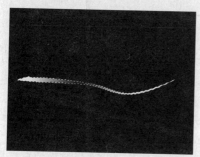

图 2-23   图 2-24

（8）在"图层"面板中拖动"图层 2"到"图层 1"下面，按"D"键默认前景色和背景色。

（9）选择工具箱中的钢笔工具，在羽毛形状上绘制几个封闭的形状路径，效果如图 2-25 所示。

（10）按"Ctrl+Enter"组合键将路径转换为选区，再按"Delete"键删除选区内的图形，取消选区后完成羽毛形状轮廓的绘制，效果如图 2-26 所示。

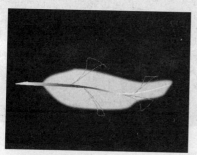

图 2-25   图 2-26

2.3.2 绘制羽毛边缘绒毛效果

（1）选择【文件】/【新建】命令，新建一个图像文件，图像宽度和高度分别为 50 像素和 50 像素，分辨率为 72 像素/英寸，背景内容为透明。

（2）选择工具箱中的画笔工具，在属性栏中设置画笔为尖角 1 像素，在窗口中单击绘制若干小黑点图像，效果如图 2-27 所示。

（3）选择【编辑】/【定义画笔预设】命令，在打开的"画笔名称"对话框中设置画笔名称为"羽毛小笔刷"，效果如图 2-28 所示，单击"确定"按钮，此时属性栏上的画笔自动变成该画笔形状。

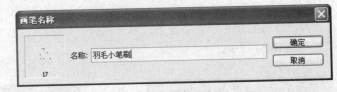

图 2-27   图 2-28

（4）选择工具箱中的涂抹工具，设置属性栏中的画笔为羽毛小笔刷，"强度"为 80%，在羽毛的边缘处沿羽毛的走向向外涂抹。

（5）选择工具箱中的套索工具，在窗口中羽毛根部的绒毛处绘制一个选区，效果如图 2-29 所示，按"Ctrl+J"组合键复制选区内的图形为"图层 3"，将"图层 3"拖动到"图层 1"的上方。

（6）设置当前前景色为暗黄色，选择工具箱中的画笔工具，选择前面的自定义画笔，拖动绘制羽毛效果，使其羽毛变得更有颜色层次感，效果如图 2-30 所示。

（7）按"Ctrl+Alt+Shift+E"组合键盖印可见图层，选择工具箱中的减淡工具，在属性栏中设置画笔为柔角 65 像素，"范围"为中间调，"曝光度"为 60%。

（8）在羽毛根部的绒毛及尾部边缘部位进行涂抹，减淡图像的颜色。至此，完成整个实例的制作。

图 2-29   图 2-30

2.4　制作信签纸

实例目标

本例将根据提供的两个 KT 猫卡通图案，设计出漂亮的信签纸效果，并运用铅笔工具绘制出信签纸上的线条图形，使用文字工具添加文字。根据自己的喜好，结合图像色彩调整命令可以制作出各种颜色的信签纸效果，本例制作的是淡紫色风格的卡通信签纸，完成后的最终效果如图 2-31 所示。

图 2-31

素材文件\第 2 章\信签纸\KT 猫 1.tif、KT 猫 2.tif

最终效果\第 2 章\信签纸.psd

制作思路

本例的制作思路如图 2-32 所示，涉及的知识点有"旋转画布"命令、"色相/饱和度"命令、"亮度/对比度"命令、油漆桶工具、橡皮擦工具、自定形状工具、魔棒工具、文字工具等，其中调整信签纸图像色彩以及绘制与定义信签图案是本例的制作重点。

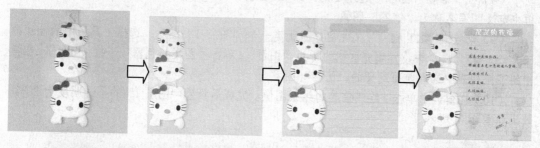

①旋转画布　　　②调整背景颜色　　　③绘制信签图案　　　④添加其他图案和文字

图 2-32

操作步骤

（1）打开"KT 猫 1.tif"素材文件，选择【图像】/【旋转画布】/【水平翻转画布】命令，将画布水平翻转。

（2）选择工具箱中的矩形选框工具，在窗口中拖动绘制选区，框选 KT 猫图形部分，按"Ctrl+J"组合键复制选区内容，自动生成"图层 1"，效果如图 2-33 所示。

（3）选择工具箱中的移动工具，拖动"图层 1"中的图像到图像窗口左侧，设置前景色为粉色（R:241，G:186，B:209），选择"背景"图层，按"Alt+Delete"组合键，填充前景色。

（4）按"Ctrl+E"组合键向下合并图层，选择【图像】/【调整】/【亮度/对比度】命令，在打开的对话框中设置"亮度"为 29，"对比度"为-25，单击"确定"按钮，效果如图 2-34

所示。

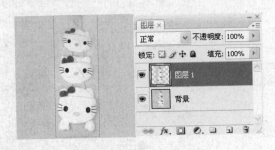

图 2-33 图 2-34

（5）选择【图像】/【调整】/【色相/饱和度】命令，在打开的对话框中选中"着色"复选框，设置参数分别为 311 和 31，单击"确定"按钮，改变信纸颜色。

（6）新建一个"信签"文件，文件大小为 25 像素×25 像素，分辨率为 72 像素/英寸，背景内容为透明。

（7）设置前景色为紫色（R:255，G:0，B:255），选择工具箱中的铅笔工具 ，在属性栏中设置画笔为尖角 5 像素，在窗口中按住"Shift"键不放拖动绘制一条线条图形，放大后的效果如图 2-35 所示。

（8）在"信签"窗口中选择【编辑】/【定义图案】命令，在打开的"图案名称"对话框中定义图案名称为"信签"图案。

（9）切换到"KT 猫 1"文件窗口，新建一个"图层 1"图层。选择工具箱中的油漆桶工具 ，在属性栏中设置填充区域的源为"图案"，单击"图案拾色器"下拉按钮 ，在弹出的下拉列表中选择前面定义的"信签"图案。

（10）在窗口中单击，绘制信签的线条图像，完成后设置"图层 1"的不透明度为 20%，效果如图 2-36 所示。

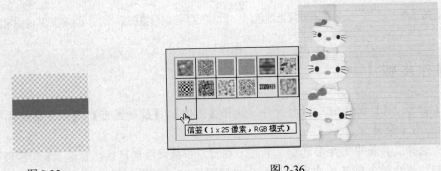

图 2-35 图 2-36

（11）选择工具箱中的橡皮擦工具 ，在属性栏中设置画笔为柔角 100 像素，"不透明度"为 50%，"流量"为 50%，在窗口中擦除左侧与上侧多余的线条图案。

（12）新建"图层 2"，选择工具箱中的自定形状工具 ，在属性栏中选择形状为"横幅 2" ，单击属性栏中的"填充像素"按钮 ，设置前景色为淡紫色（R:224，G:192，B:215），在窗口上侧拖动绘制图形，效果如图 2-37 所示。

（13）打开"KT 猫 2.tif"素材图片，选择工具箱中的魔棒工具，在窗口中单击白色区域载入选区，并按"Shift+Ctrl+I"组合键反选选区。

（14）选择工具箱中的移动工具，拖动选区图像到"KT 猫 1"文件窗口中，自动生成"图层 3"，设置"图层 3"的不透明度为"15%"。

（15）按住"Alt"键的同时，在窗口中拖动"图层 3"，复制出多个副本图层，按"Ctrl+T"组合键，分别调整各副本图层中卡通图像的大小与位置，效果如图 2-38 所示。

（16）选择工具箱中的横排文字工具，在窗口中输入文字，完成本例的制作，将文件另存为"信签纸.psd"。

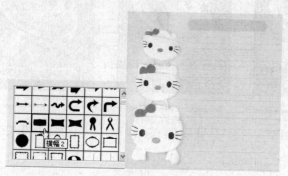

图 2-37

图 2-38

2.5　制作啤酒活动宣传海报

实例目标

本例将利用绘制、填充和变换选区的操作绘制圆环图形，并结合滤镜绘制放射状图像，再通过加入相关的图片素才和文字效果，制作出如图 2-39 所示的啤酒活动宣传海报。

素材文件\第 2 章\啤酒活动宣传海报\奖杯.jpg、足球.jpg、标志.psd

最终效果\第 2 章\啤酒活动宣传海报.psd

图 2-39

制作思路

　　本例的制作思路如图 2-40 所示，主要运用选区的编辑来绘制图像，涉及的知识点有矩形选框工具、椭圆选框工具、变换选区、填充选区、投影和外发光图层样式、径向模糊滤镜等，其中添加图层样式和径向模糊滤镜的使用是本例的制作重点。

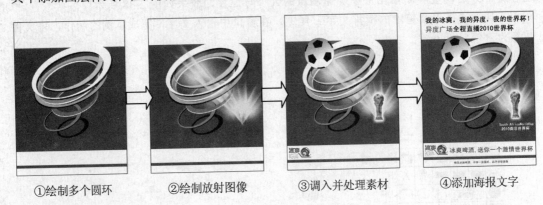

①绘制多个圆环　　　②绘制放射图像　　　③调入并处理素材　　　④添加海报文字

图 2-40

 操作步骤

2.5.1　绘制圆环图形

　　（1）选择【文件】/【新建】命令，新建"啤酒活动宣传海报"文件，设置图像大小为 6 厘米×8 厘米。按 "Ctrl+R" 组合键显示标尺，并分别拖动标尺创建如图 2-41 所示的水平和垂直参考线。

　　（2）设置前景色为红色（R:228，G:0，B:1），使用矩形选框工具沿参考线分别绘制两个矩形选区并填充为前景色，完成后取消选区。

　　（3）新建"图层 1"，设置前景色为黑色，使用椭圆选框工具绘制任意大小的椭圆选区，对选区进行自由变换，完成后用前景色填充选区，效果如图 2-42 所示。

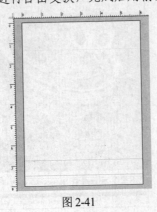

图 2-41

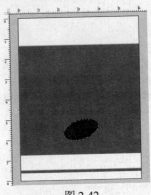

图 2-42

（4）选择【选择】/【变换选区】命令，按住"Shift+Alt"组合键的同时向内拖动变换框角点缩小选区，将其移动到适当位置后按"Enter"键确认变换，然后按"Delete"键删除选区内的图像，如图 2-43 所示。

（5）新建"图层 2"，按照上面的操作方法，通过绘制选区、填充选区、变换选区和删除选区内图像绘制如图 2-44 所示的圆环，颜色为紫色（R:248，G:56，B:152）。

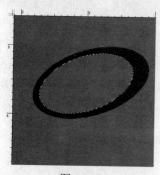

图 2-43

图 2-44

（6）选择【图层】/【图层样式】/【投影】命令，在打开的对话框中设置"不透明度"为 100，"角度"为 165，"距离"为 4，"大小"为 0，单击"确定"按钮，为"图层 2"添加投影效果。

（7）新建"图层 3"，按照前面的操作方法再绘制一个圆环，颜色为蓝色（R:4，G:138，B:186）。

（8）为"图层 3"添加投影图层样式，"混合模式"设置为正常，"颜色"为白色，"不透明度"为 100，取消选中"使用全局光"复选框，"角度"设置为 85，"距离"为 4，"大小"为 0，单击"确定"按钮，设置参数如图 2-45 所示。

（9）新建"图层 4"，按照前面的绘制方法绘制一个圆环，颜色为橙色（R:254，G:165，B:3）。为图层 4 添加投影图层样式，设置"不透明度"为 80，取消选中"使用全局光"复选框，设置"角度"为 58，"距离"为 10，"大小"为 0，单击"确定"按钮，效果如图 2-46 所示。

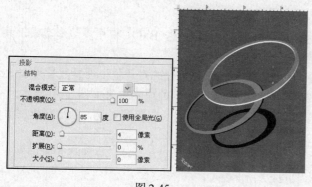

图 2-45

图 2-46

（10）新建"图层 5"，按照前面的方法绘制一个圆环，设置颜色为绿色（R:90，G:178，

B:39），并为"图层 5"添加投影图层样式，"混合模式"设置为正常，"颜色"为白色，"不透明度"为 100，取消选中"使用全局光"复选框，"角度"设置为 131，"距离"为 6，单击"确定"按钮，效果如图 2-47 所示。

（11）新建"图层 6"，按照前面的方法绘制一个圆环，颜色为灰色（R:202，G:207，B:206），并为"图层 6"添加投影图层样式，取消选中"使用全局光"复选框，设置"角度"为 124，"距离"为 11，"大小"为 0，其他保持默认设置不变，单击"确定"按钮，效果如图 2-48 所示。

（12）新建"图层 7"，按照前面的操作方法再绘制一个圆环，颜色为白色，并为"图层 7"添加投影图层样式，取消选中"使用全局光"复选框，"角度"设置为 139，"距离"为 10，"大小"为 0，其他保持默认设置不变，单击"确定"按钮，完成圆环图形的绘制，效果如图 2-49 所示。

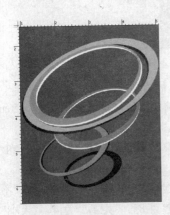  

图 2-47   图 2-48   图 2-49

 提示 本例在绘制圆环时采用了单个依次绘制的方式，也可以在绘制一个圆环后采用复制图层并变换图形再修改填充颜色的方式进行绘制。

2.5.2　绘制放射状图像

（1）新建"图层 8"，设置前景色为黄色（R:255，G:255，B:0），使用多边形套索工具 绘制一个星形选区，并用前景色填充选区，然后取消选区。

（2）选择【滤镜】/【模糊】/【径向模糊】命令，在打开的对话框中设置数量为 50，选中"缩放"单选项，单击"确定"按钮，其参数设置与得到的模糊效果如图 2-50 所示。

（3）连续按 9 次"Ctrl+F"组合键，快速重复应用 9 次径向模糊滤镜，然后将模糊后的图像进行缩小变换，并移动至如图 2-51 所示的位置。

（4）按两次"Ctrl+J"组合键，为"图层 8"复制两个副本图层，分别将复制后的两个图像沿顺时针进行旋转变换，效果如图 2-52 所示。

（5）按"Ctrl+J"组合键，复制生成"图层 8 副本 3"图层，将复制后的图像进行放大变换和旋转变换操作，然后将其移动至如图 2-53 所示的位置。

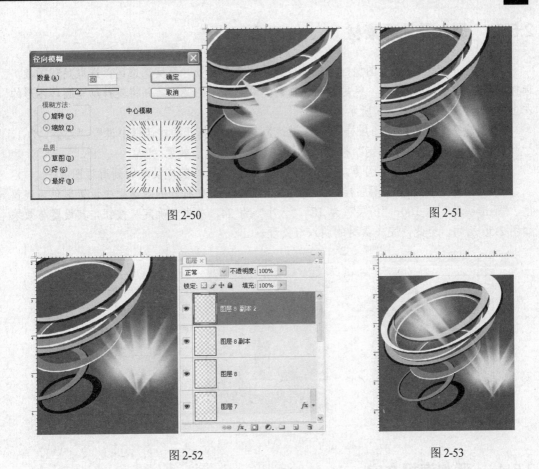

图 2-50   图 2-51

图 2-52   图 2-53

（6）按"Ctrl+J"组合键，复制生成"图层 8 副本 4"图层，并按"Ctrl+Shift+["组合键将其移动至最底层，将复制后的图像向右下侧移动至如图 2-54 所示的位置，完成放射状图像的绘制。

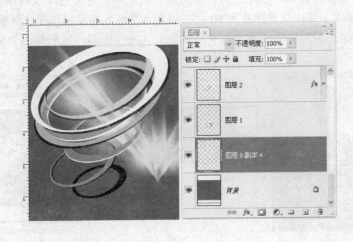

图 2-54

2.5.3　调入并处理素材

（1）打开"足球.jpg"图像，用魔棒工具单击白色背景，再反选选区，选取足球图像，选择工具箱中的移动工具 ，将足球图像拖动复制到海报图像中，并将其移动至圆环图形的左上角位置，效果如图 2-55 所示。

（2）选择【图层】/【图层样式】/【描边】命令，在打开的对话框中设置"大小"为1，"颜色"为黑色，单击"确定"按钮，加强足球周围的轮廓效果。

（3）打开"奖杯.jpg"图像，选取其中的奖杯图像后将其拖动复制到海报图像中。

（4）选择【图层】/【图层样式】/【外发光】命令，在打开的对话框中设置颜色为淡黄色，"不透明度"为 100，"扩展"为 18，"大小"为 24，单击"确定"按钮，其设置与效果如图 2-56 所示。至此，完成素材的调入与处理。

图 2-55

图 2-56

2.5.4　添加海报文字

（1）在奖杯底部用横排文字工具分别输入"South AfricaWorldCup"和"2010 南非世界杯"文本，设置字体为黑体，字号分别为 5 点和 6 点，颜色为白色，效果如图 2-57 所示。

（2）保持字体不变，设置字号为 10 点，颜色为黑色，在海报顶部分别输入宣传文本，并将其中的"异度广场"文本设置为红色（R:255，G:0，B:0），效果如图 2-58 所示。

图 2-57

图 2-58

（3）打开"标志.psd"图像，将其拖动复制到海报图像中，并移动至海报下方左侧的空白位置，效果如图 2-59 所示。

（4）选择工具箱中的横排文字工具，保持其字体不变，继续在海报底部输入如图 2-60 所示的宣传文本，然后分别设置字号为 9 点和 4 点，颜色为红色。

（5）按"Ctrl+R"组合键隐藏标尺，按"Ctrl+H"组合键隐藏参考线，完成本例的制作。

图 2-59

图 2-60

2.6　制作写字楼销售宣传单

实例目标

本例将为一写字楼制作销售宣传单，将运用到路径工具绘制背景上的圆形底纹，运用形状工具与文字工具绘制路标图形等，最终效果如图 2-61 所示。

素材文件\第 2 章\写字楼销售宣传单\写字楼.jpg

最终效果\第 2 章\写字楼销售宣传单.psd

图 2-61

制作思路

本例的制作思路如图 2-62 所示，涉及的知识点有复制并变换路径、描边和填充路径、绘制形状、铅笔工具、橡皮擦工具等，其中绘制形状图形以及路径的填充与描边是本例的制作重点。

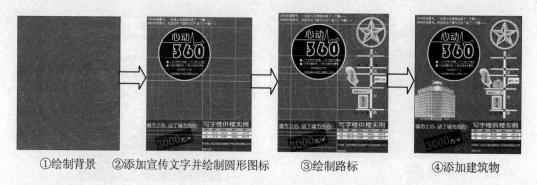

①绘制背景　②添加宣传文字并绘制圆形图标　③绘制路标　④添加建筑物

图 2-62

 操作步骤

2.6.1　绘制宣传单背景

（1）新建图像，设置图像大小为 8 厘米×10 厘米，按"Ctrl+R"组合键显示出标尺，并分别拖动标尺创建如图 2-63 所示的水平和垂直参考线。

（2）新建"图层 1"，选择工具箱中的椭圆工具◎，在属性栏中单击"路径"按钮，按住"Shift"键不放绘制如图 2-64 所示的圆形路径。

（3）放大路径局部显示，选择圆形路径后按"Ctrl+C"组合键复制路径，再按"Ctrl+V"组合键复制当前路径。

（4）按"Ctrl+T"组合键进入路径变换状态，按住"Shift+Alt"组合键不放拖动变换框角点放大路径，按"Enter"键确认，效果如图 2-65 所示。

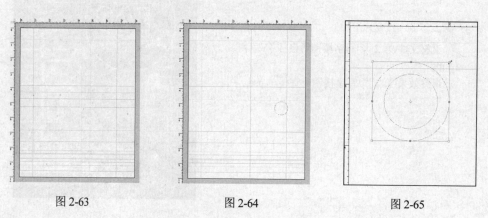

图 2-63　　　　　　　　图 2-64　　　　　　　　图 2-65

（5）按照步骤（3）和步骤（4）的操作方法，继续复制当前路径并对路径进行放大变换，效果如图 2-66 所示。

（6）设置前景色为黄色（R:252，G:166，B:25），选择工具箱中的铅笔工具 ✎，按"F5"键打开"画笔"面板，设置直径为 3px，间距为 300%，关闭"画笔"面板。

（7）单击"路径"面板底部的"用画笔描边路径"按钮，用前景色对路径进行描边，再按住"Shift"键单击路径缩略图，隐藏路径，效果如图 2-67 所示。

（8）选择"背景"图层，设置前景色为红色（R:205，G:24，B:31），按"Alt+Delete"组合键填充前景色。

（9）选择"图层 1"，新建"图层 2"，设置前景色为暗红色（R:112，G:16，B:62），沿参考线绘制矩形选区，用前景色填充选区，取消选区后完成背景的绘制，效果如图 2-68 所示。

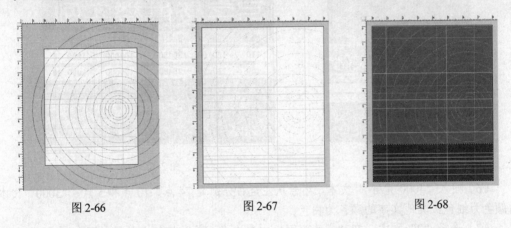

图 2-66　　　　　　　　　　图 2-67　　　　　　　　　　图 2-68

2.6.2　输入宣传文字

（1）使用横排文字工具 T 输入"写字楼供楼实例"文本，设置字体为幼圆，字号为 12 点，颜色为白色，将文字沿参考线移动至如图 2-69 所示的位置。

（2）新建"图层 3"，设置前景色为褐色（R:190，G:169，B:137），选择工具箱中的圆角矩形工具 ▢，在属性栏中单击"填充像素"按钮，设置半径为 5px，沿文字底部的参考线绘制如图 2-70 所示的圆角矩形。

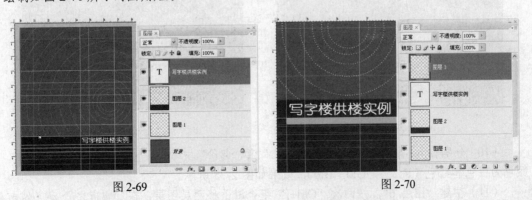

图 2-69　　　　　　　　　　　　　　图 2-70

（3）设置前景色为灰白色（R:255，G:255，B:235），继续沿参考线绘制两个圆角矩形并填充图像，绘制后的图像都位于"图层 3"中。

（4）新建"图层 4"，设置前景色为黑色，选择工具箱中的直线工具，分别设置粗细为 10px 和 5px，沿圆角矩形下方的两条参考线绘制黑色直线，效果如图 2-71 所示。

（5）保持字体不变，继续使用横排文字工具 T 分别输入如图 2-72 所示的文本，其中表格样式中的字号为 4.2 点，开发商相关文字为 4.8 点，电话相关文字为 10 点，颜色分别为黑色、白色和红色。

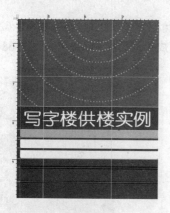

图 2-71

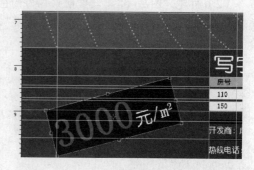

图 2-72

（6）输入"3000 元/m^2"文本，字号从左至右分别为 24 点、10 点和 5 点，"3000"文本的颜色为红色，其他文字的颜色为白色。

（7）选择"2"文本，在"字符"面板中单击"上标"按钮，效果如图 2-73 所示。

（8）新建"图层 5"，按"Ctrl+["组合键下移一层图层，沿"3000 元/m^2"文本绘制矩形选区，并用前景色填充选区。

（9）同时选择"3000 元/m^2"图层和"图层 5"，按"Ctrl+T"组合键，在属性栏中的"角度"数值框中输入-15，效果如图 2-74 所示，按"Enter"键确认变换。

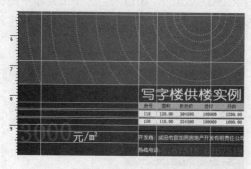

图 2-73

图 2-74

（10）分别输入"城市之心.动了城市的心"和"起价"文本，设置字号为 10 点和 17 点，颜色为白色和红色（R:255，G:0，B:0），效果如图 2-75 所示。

（11）新建"图层 6"，按两次"Ctrl+["组合键下移两层图层，在"城市之心.动了城市的心"文字右侧绘制一个心形路径，然后将路转换为选区，设置前景色为红色并填充选区，效果如图 2-76 所示。

图 2-75

图 2-76

2.6.3 绘制圆形图标

（1）新建"图层 7"，设置前景色为黑色，使用椭圆选框工具 ⬭ 沿参考线绘制选区，用前景色填充选区，并取消选区。

（2）选择【图层】/【图层样式】/【描边】命令，在打开的对话框中设置"大小"为 8，"位置"为内部，"颜色"为白色，单击"确定"按钮，设置与效果如图 2-77 所示。

（3）放大宣传单左上角的显示，新建"图层 8"，设置前景色为白色，选择工具箱中的钢笔工具 ✍，连续单击绘制一条折线路径，然后选择工具箱中的画笔工具 ✎，设置主直径为 6px，对路径进行描边，效果如图 2-78 所示。

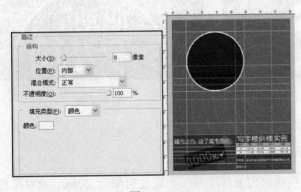

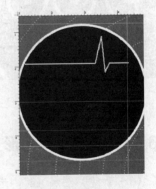

图 2-77

图 2-78

（4）新建"图层 9"，选择工具箱中的铅笔工具 ✎，设置主直径为 30px，在步骤（3）描边产生的图像右端处单击绘制一个圆点。

（5）选择工具箱中的橡皮擦工具 ⬙，设置主直径为 25px，在绘制的圆点中间单击删除图像，效果如图 2-79 所示。

（6）使用横排文字工具 Ⓣ 在圆内输入"360"文本，设置字体为华文彩云，字号为 40

点，颜色为白色，将其移动至适当位置，效果如图 2-80 所示。

（7）继续在黑色填充圆内部输入其他文本，并设置字体为幼圆，字号分别为 19 点、4.4 点和 4.6 点，颜色都为白色，效果如图 2-81 所示。

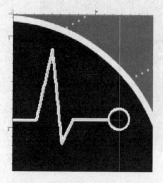

图 2-79　　　　　　　　　　图 2-80　　　　　　　　　　图 2-81

（8）新建"图层 10"，选择工具箱中的直线工具，设置粗细为 3px，按住"Shift"键沿文字底部分别绘制两条直线，效果如图 2-82 所示。

（9）新建"图层 11"，选择工具箱中的铅笔工具，设置主直径为 20px，在步骤（8）绘制的两条直线左端处单击绘制两个白色原点，效果如图 2-83 所示。

（10）保持字体和颜色不变，设置字号为 6 点，用横排文字工具在图像顶部左侧分别输入如图 2-84 所示的广告词，完成圆形图标与其他文字的添加。

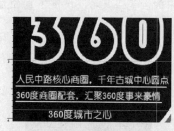

图 2-82　　　　　　　　　　图 2-83　　　　　　　　　　图 2-84

2.6.4　绘制路标图形

（1）新建"图层 12"，选择工具箱中的直线工具，设置粗细为 20px，沿参考线绘制一条垂直直线，再设置粗细为 10px，继续沿参考线绘制 5 条水平直线，效果如图 2-85 所示。

（2）选择工具箱中的铅笔工具，设置主直径为 35px，分别在步骤（1）绘制的直线的各个交点处单击绘制图形，效果如图 2-86 所示。

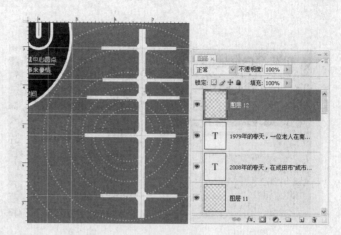

图 2-85　　　　　　　　　　　　　　　　　　　图 2-86

（3）选择工具箱中的橡皮擦工具 ，设置主直径为 25px，在步骤（2）绘制的各个交点中心位置分别单击一次鼠标，删除多余图像，效果如图 2-87 所示。

（4）新建"图层 13"，设置前景色为黄色（R:236，G:243，B:170），绘制一条封闭路径，单击"路径"面板底部的"用前景色填充路径"按钮，效果如图 2-88 所示。

（5）新建"图层 14"，设置前景色为绿色（R:50，G:248，B:92），复制前面绘制的路径，再通过变换并适当缩小路径得到一个新的路径，用前景色填充路径，效果如图 2-89 所示。

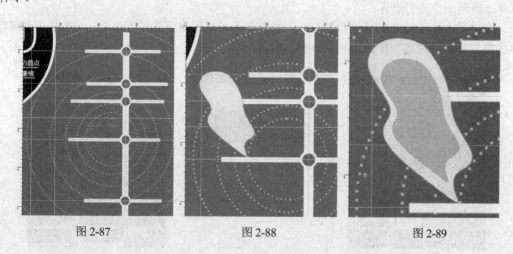

图 2-87　　　　　　　　　　图 2-88　　　　　　　　　　图 2-89

（6）新建"图层 15"，设置前景色为白色，选择工具箱中的圆角矩形工具 ，在属性栏中单击"填充像素"按钮，设置半径为 10px，绘制如图 2-90 所示的填充圆角矩形。

（7）新建"图层 16"，分别设置前景色为黄色（R:236，G:243，B:170）和绿色（R:50，G:248，B:92），并分别使用圆角矩形工具 绘制如图 2-91 所示的两个圆角矩形图形。

（8）新建"图层 17"，设置前景色为白色，绘制一个标注样式的封闭路径，完成后用前景色填充路径，效果如图 2-92 所示。

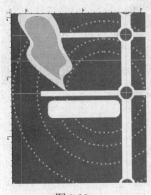
图 2-90

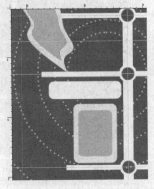
图 2-91

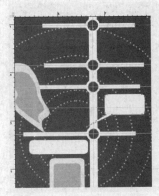
图 2-92

（9）使用横排文字工具分别在相应的形状图形上输入"迎宾路"、"城市之心"、"省政府办公厅"和"天台路"文本，字体为"幼圆"，字号为 5.3 点，颜色为黑色。

（10）使用直排文字工具 T 分别输入"人民中路"、"中心公园"和"体育中心"垂直文本，设置字体为幼圆，字号分别为 8 点、5.3 点和 5.3 点，颜色为白色和黑色，效果如图 2-93 所示。

（11）新建"图层 18"，设置前景色为黄色（R:255，G:162，B:0），选择工具箱中的椭圆选框工具 ○，在属性栏中设置样式为固定大小，宽度和高度都设为 250px，在路标图形上方单击绘制一个圆形选区。

（12）选择【编辑】/【描边】命令，在打开的对话框中设置宽度为 8px，选中"内部"单选项，单击"确定"按钮，效果如图 2-94 所示。

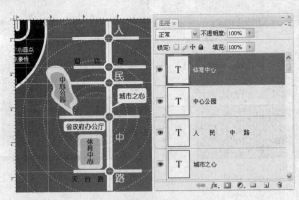

图 2-93

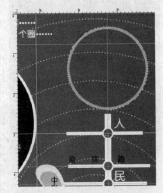
图 2-94

（13）新建"图层 19"，选择工具箱中的自定形状工具 ，在属性栏中载入全部形状，选择"五角星"形状并在圆形内拖动绘制星形，效果如图 2-95 所示。

（14）按"Ctrl+E"组合键合并圆和星形所在图层，选择【图层】/【图层样式】/【斜面和浮雕】命令，在打开的"图层样式"对话框中设置"样式"为外斜面，"大小"为 9，效果如图 2-96 所示。

（15）选中"图层样式"对话框左侧的"外发光"复选框，设置"混合模式"为正常，

"不透明度"为 100，"颜色"为紫色（R:255，G:0，B:228），"扩展"为 14，"大小"为 73，"等高线"为踞齿 1。

（16）继续选中"图层样式"对话框左侧的"描边"复选框，设置"大小"为 5，"位置"为外部，"颜色"为白色，单击"确定"按钮，效果如图 2-97 所示。至此，完成整个路标图形的绘制。

图 2-95　　　　　　　　　　图 2-96　　　　　　　　　　图 2-97

2.6.5　调入建筑物素材

（1）打开"写字楼.jpg"图像，选取其中的办公楼图像，使用移动工具将办公楼拖动复制到宣传单图像中，并将其移动至图像左侧，效果如图 2-98 所示。

（2）按"Ctrl+J"组合键复制一个办公楼图像，对复制后的办公楼图像进行变换缩小，并将其移动至前面绘制的路标图形中的适当位置，效果如图 2-99 所示。

（3）至此，完成本例办公楼销售宣传单的制作，按"Ctrl+R"组合键隐藏标尺，按"Ctrl+H"组合键隐藏参考线，可看到本例的最终效果。

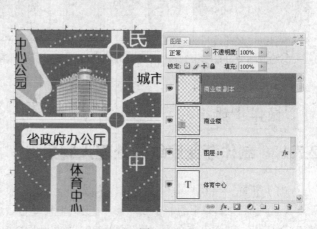

图 2-98　　　　　　　　　　　　　　　　图 2-99

2.7 制作手机广告

 **实例目标**

本例将制作一个手机产品广告，其背景运用了渐变填充和图案，并通过对人物色彩的处理，使整个广告作品富有动感且炫丽多彩，最终效果如图 2-100 所示。

素材文件\第 2 章\手机广告\人物.tif、手机.tif

最终效果\第 2 章\手机广告.psd

图 2-100

制作思路

本例的制作思路如图 2-101 所示，涉及的知识点有渐变工具、"色阶"命令、图层样式、直线工具、画笔工具等，其中色彩的搭配和装饰图案的绘制是本例的制作重点。

①绘制渐变背景　　②处理人物素材　　③编辑手机素材　　④添加广告文字

图 2-101

 **操作步骤**

2.7.1　制作渐变底纹并处理人物素材

（1）新建"手机广告"文件，文件大小为 20 厘米×15 厘米，分辨率为 150 像素/英寸。

（2）选择工具箱中的渐变工具，在属性栏中单击"渐变色"选择框，打开"渐变编辑器"对话框，设置渐变色为"黑-红-浅黄"，效果如图 2-102 所示。

（3）单击"确定"按钮，在图像中沿垂直方向拖动填充渐变色。

（4）打开"人物.tif"素材文件，选择工具箱中的移动工具 ，拖动图像到"手机广告"文件窗口中，自动生成"图层1"。

（5）按"Ctrl+T"组合键打开自由变换调节框，调整图像的大小和位置到窗口左侧后，按"Enter"键确认变换，效果如图 2-103 所示。

图 2-102　　　　　　　　　　　　　　　　　　　图 2-103

（6）单击"图层"面板下方的"添加图层蒙版"按钮 ，为"图层1"添加图层蒙版。设置前景色为黑色，选择工具箱中的画笔工具 ，在属性栏中设置画笔为柔角 100 像素，"不透明度"为 50，在人物图像边缘处进行涂抹，使其与背景更好地融合，如图 2-104 所示。

（7）选择【图像】/【调整】/【色阶】命令，打开"色阶"对话框，设置输入色阶参数为 0、0.85、220，单击"确定"按钮。

（8）选择【图像】/【调整】/【亮度/对比度】命令，打开"亮度/对比度"对话框，设置"亮度"为 30，"对比度"为 30，单击"确定"按钮，完成背景渐变底纹的制作及人物素材的处理，效果如图 2-105 所示。

图 2-104　　　　　　　　　　　　　　　　　　　图 2-105

2.7.2　绘制广告中的装饰图案

（1）单击"创建新图层"按钮 ，新建"图层 2"，选择工具箱中的椭圆选框工具 ，按住"Shift"键不放，在窗口中人物头部右侧绘制一个正圆形选区。

（2）设置前景色为白色（R:255，G:255，B:255），按"Alt+Delete"组合键将选区填充为前景色，按"Ctrl+ D"组合键取消选区，效果如图 2-106 所示。

（3）在"图层"面板中双击"图层 2"右侧的空白处，打开"图层样式"对话框，选中"内阴影"复选框，设置混合模式为正常，内阴影颜色为白色（R:255，G:255，B:255），"不透明度"为 80，"距离"为 10，"大小"为 45，其他参数保持不变，单击"确定"按钮。

（4）设置"图层 2"的填充不透明度为 0，效果如图 2-107 所示。

图 2-106　　　　　　　　　　　　　　　图 2-107

（5）按"Ctrl+T"组合键打开自由变换调节框，按住"Shift"键等比缩小图像并调整图像的位置，按"Enter"键确认变换。

（6）按"Ctrl+J"组合键复制多个"图层 2"的副本，再按"Ctrl+T"组合键分别调整各个"光圈"图形的大小和位置，效果如图 2-108 所示。

（7）同时选择"图层 2"和所有图层 2 的副本图层，按"Ctrl+E"组合键合并图层，双击合并后的图层名称，并更改其名称为"图层 2"。

（8）选择【滤镜】/【模糊】/【高斯模糊】命令，打开"高斯模糊"对话框，设置"半径"为 2，单击"确定"按钮。

（9）单击"图层"面板下方的"添加图层蒙版"按钮 ，为"图层 2"添加图层蒙版，选择工具箱中的画笔工具 ，在属性栏中设置画笔为柔角 100 像素，"不透明度"为 30，在"光圈"图形的局部地方进行涂抹，得到若隐若现的效果，效果如图 2-109 所示。

图 2-108　　　　　　　　　　　　　　　图 2-109

（10）新建"图层 3"，选择工具箱中的直线工具 ，在属性栏中设置粗细为 1，"不透明度"为 100，按住"Shift"键不放，在广告作品的上方绘制多条垂直直线，效果如图 2-110 所示。

（11）单击"图层"面板下方的"添加图层蒙版"按钮 ，为"图层 3"添加图层蒙版，选择工具箱中的画笔工具 ，在直线图形的局部地方进行涂抹。

（12）单击"创建新图层"按钮 ，新建"图层 4"，选择工具箱中的画笔工具 ，在属性栏中设置画笔为尖角 5 像素画笔，"不透明度"为 100，在窗口上方随意单击绘制多个圆点图形，效果如图 2-111 所示。

图 2-110

图 2-111

（13）双击"图层 4"后的空白处，打开"图层样式"对话框，选中"外发光"复选框，设置发光颜色为红色（R:255，G:0，B:168），"不透明度"为 100，"扩展"为 4，"大小"为 10，设置参数如图 2-112 所示，单击"确定"按钮，为圆点添加外发光效果。

（14）新建"图层 5"，在属性栏中单击"画笔"名称旁的 按钮，打开"画笔"列表框，单击右上角的 按钮，在弹出的下拉菜单中选择"混合画笔"命令，在打开的提示对话框中单击"追加"按钮，载入当前画笔。

（15）在更新后的"画笔预设"列表框中选择"交叉排线 4"画笔，在窗口中圆点"星星"图形的中心发光圆点位置绘制"星星"光芒效果，完成装饰图案的绘制，效果如图 2-113 所示。

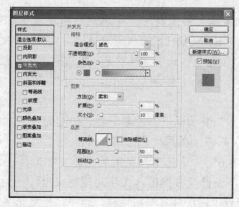
图 2-112

图 2-113

2.7.3　调入产品图片

（1）打开"手机.tif"素材文件，选取手机图像后选择工具箱中的移动工具，拖动手机图像到"手机广告"文件窗口中，自动生成"图层 6"。

（2）按"Ctrl+T"组合键打开自由变换调节框，调整手机图像的大小和位置到窗口右侧后，按"Enter"键确认变换，效果如图 2-114 所示。

（3）在"图层"面板中双击"图层 6"后面的空白处，打开"图层样式"对话框，选中"投影"复选框，设置"距离"为 5，"扩展"为 10，"大小"为 9，单击"确定"按钮。

（4）按"Ctrl+J"组合键复制"图层 6"内容到"图层 6 副本"图层，并将其副本图层拖放至"图层 6"的下方，然后按"Ctrl+T"组合键打开自由变换调节框，调整图像的大小位置和角度后，按"Enter"键确认变换。

（5）选择【图像】/【调整】/【色相/饱和度】命令，打开"色相/饱和度"对话框，设置"色相"为-160，"饱和度"为 20，其他参数保持不变，单击"确定"按钮，改变复制的手机图像色彩，完成产品图片的处理，效果如图 2-115 所示。

图 2-114

图 2-115

2.7.4　添加广告文字

（1）设置前景色为黑色，选择工具箱中的横排文字工具，在属性栏中设置字体为"Book Antiqua"，大小为 21.5，在窗口上方输入"ROMANTIC7500"文本。

（2）双击生成的文字图层，打开"图层样式"对话框，选中"外发光"复选框，设置"混合模式"为线性光，"颜色"为白色，"不透明度"为 78，"扩展"为 12，"大小"为 81，其他参数保持不变。

（3）在"图层样式"对话框中选中"渐变叠加"复选框，设置渐变为"红色-暗红"，"缩放"为 112%，其他参数保持不变，单击"确定"按钮，效果如图 2-116 所示。

（4）设置前景色为浅红色（R:220，G:80，B:65），选择工具箱中的横排文字工具，在属性栏中设置字体为方正姚体，"大小"为 36，在窗口右侧输入文字"惊艳上市"。

（5）双击生成的"惊艳上市"文字图层，打开"图层样式"对话框，选中"外发光"复选框，设置"混合模式"为正常，"不透明度"为 96，"杂色"为 10，"扩展"为 8，"大小"

为 24，其他参数保持不变。

（6）选中"描边"复选框，设置"大小"为 6，"填充类型"为渐变，"渐变"为"橙色-黄色-橙色"，其他参数保持不变。

（7）选中"图案叠加"复选框，设置"混合模式"为叠加，"图案"为丝绸，其他参数保持不变，单击"确定"按钮，应用图层样式，效果如图 2-117 所示。

图 2-116　　　　　　　　　　　　　　　　图 2-117

（8）设置前景色为白色，选择工具箱中的横排文字工具 T，在属性栏中设置字体为 Bell Gothic Std，"大小"为 6，在窗口中间位置输入白色广告文字。

（9）按"Ctrl+Alt+Shift+E"组合键盖印可见图层，自动生成"图层 7"，选择【图像】/【调整】/【亮度/对比度】命令，打开"亮度/对比度"对话框，设置"亮度"为 35，"对比度"为 30，单击"确定"按钮，效果如图 2-118 所示。至此，完成本例的制作。

图 2-118

提示　在"图层样式"对话框中选中左侧某个样式复选框后还需单击右侧的文字部分，才能切换到其参数设置界面。

2.8　课后练习

根据本章所学内容，动手完成以下实例的制作。

练习 1　绘制梅花

运用画笔工具、橡皮擦工具、铅笔工具等知识绘制如图 2-119 所示的梅花效果，在绘制过程中要注意画笔大小和笔触样式的设置，花瓣的绘制也可先用椭圆选框工具绘制选区再进行选区变换，最后对其进行描边来实现。

图 2-119

 最终效果\第 2 章\课后练习\梅花.jpg

练习 2　绘制水粉画

运用画笔工具、铅笔工具、橡皮擦工具、加深工具和减淡工具，绘制如图 2-120 所示的水粉画效果。

图 2-120

 最终效果\第 2 章\课后练习\水粉画.jpg

练习 3　绘制雨丝效果

本练习将运用画笔工具和"画笔"面板的使用（设置间距并添加形状动态和散布样式），为提供的图像素材绘制下雨效果，完成后的效果如图 2-121 所示。

素材文件\第 2 章\课后练习\下雨效果\雨中.jpg
最终效果\第 2 章\课后练习\下雨效果.psd

图 2-121

练习 4　绘制晕光蝴蝶

运用画笔工具、渐变工具、"镜头光晕"滤镜命令和外发光图层样式绘制出如图 2-122 所示的晕光蝴蝶效果。其中最大的一只蝴蝶是利用提供的素材载入其蝴蝶选区后进行编辑的，其他图形均为手动绘制效果。

素材文件\第 2 章\课后练习\晕光蝴蝶\蝴蝶.tif
最终效果\第 2 章\课后练习\晕光蝴蝶.psd

图 2-122

练习 5　制作儿童写真艺术照

运用椭圆形状工具、橡皮擦工具、直线工具、画笔工具、模糊工具和文字工具，并结合选区与图层的操作，为提供的儿童照素材制作一幅写真艺术照效果，完成后的最终效果如图 2-123 所示。

素材文件\第 2 章\课后练习\儿童写真艺术照\儿童 1.tif、儿童 2.tif

最终效果\第 2 章\课后练习\儿童写真.psd

图 2-123

练习 6　制作时尚杂志广告

本练习将制作效果如图 2-124 所示的时尚杂志广告效果，其中主要运用了画笔工具、橡皮擦工具、渐变工具、钢笔工具、文字工具以及图层样式的使用等。

图 2-124

素材文件\第 2 章\课后练习\时尚杂志广告\时尚 1.tif、时尚 2.tif、舞者.tif
最终效果\第 2 章\课后练习\时尚杂志广告.psd

练习 7 制作花展宣传单效果

运用椭圆工具、渐变工具、圆角矩形工具、直线工具、自定义形状工具和钢笔工具制作如图 2-125 所示的花展宣传单效果，其中的花朵图形为提供的素材图片。

素材文件\第 2 章\课后练习\花展宣传单\花 1.jpg、花 2.jpg、花 3.jpg、花 4.jpg、花 5.jpg
最终效果\第 2 章\课后练习\花展宣传单.psd

图 2-125

练习 8 制作七色铅笔宣传广告

运用椭圆工具、圆角矩形工具、减淡工具、多边形套索工具、"色相/饱和度"命令、文字工具以及投影、斜面、浮雕图层样式等知识制作如图 2-126 所示的七色铅笔宣传广告。

最终效果\第 2 章\课后练习\七色铅笔宣传广告.psd

图 2-126

第 3 章

调整图像色调和色彩

在 Photoshop CS3 中的 "图像" 菜单下的 "调整" 子菜单中提供了多个对图像色彩与色调进行调整的命令，合理运用这些调整命令不仅可以对有偏色、曝光过度、偏暗等缺陷的图片进行校正，还可以替换图像的色彩、制作黑白效果等。本章将以 6 个实例来介绍常用的色调与色彩调整命令的使用方法，以及如何将色调与色彩的调整应用于作品设计中。

本章学习目标：
- 📖 校正严重偏色的图像
- 📖 改变花瓣颜色
- 📖 制作美术教材封面
- 📖 制作怀旧风格的艺术照
- 📖 制作梦幻写真
- 📖 制作化妆品广告

3.1 校正严重偏色的图像

实例目标

本例将对一幅严重偏色的图像进行色彩校正，包括去掉图像中多余的红色，增加绿色，并提高暗部区域的亮度，处理前后的对比效果如图 3-1 所示。

图 3-1

素材文件\第 3 章\校正偏色的图像\建筑.jpg
最终效果\第 3 章\校正后的建筑图像.jpg

制作思路

本例的制作思路如图 3-2 所示，涉及的知识点有"色彩平衡"命令、"阴影/高光"命令和"照片滤镜"命令，这 3 个调整命令的使用是本例的制作重点。

①降低图像红色　　　②增加图像绿色　　　③提高暗部亮度并加入暖色调

图 3-2

操作步骤

（1）打开"建筑.jpg"图像，观察可以发现该图像存在过多的红色，缺少绿色，阴影区域过暗。

（2）下面先去除图像中过多的红色，方法是选择【图像】/【调整】/【色彩平衡】命令，在打开的"色彩平衡"对话框中选中"中间调"单选项，将"色阶"第一个值设为-96，或将"青色-红色"中的滑块向左拖动进行设置，参数设置如图 3-3 所示，单击"确定"按钮，调整后的效果如图 3-4 所示。

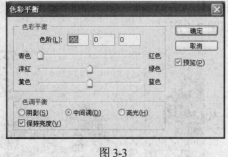

图 3-3　　　　　　　　　　　　　　　　　图 3-4

（3）再次通过"色彩平衡"命令增加图像中的绿色，以真实反映出树木的颜色，选择【图像】/【调整】/【色彩平衡】命令，在打开的"色彩平衡"对话框中选中"中间调"单选项，将"色阶"第二个值设为 100，参数设置如图 3-5 所示，调整后的效果如图 3-6所示。

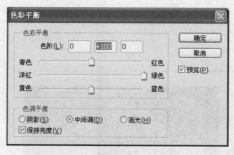

图 3-5 图 3-6

（4）下面增加图像中暗部区域的亮度，方法是选择【图像】/【调整】/【阴影/高光】命令，在打开的"阴影/高光"对话框中设置"数量"为 60，参数设置如图 3-7 所示，单击"确定"按钮应用调整。

（5）下面为图像增加一点暖色调，以丰富黄昏的色彩效果，选择【图像】/【调整】/【照片滤镜】命令，在打开的"照片滤镜"对话框中的"滤镜"下拉列表框中选择"加温滤镜（85）"选项，参数设置如图 3-8 所示。

图 3-7 图 3-8

（6）单击"确定"按钮应用调整，完成本例图像颜色的校正。

提示　使用"色相/饱和度"命令、"色彩平衡"命令、"通道混合器"命令和"变化"命令都可实现增加或降低图像中的某种颜色的强度，但使用"色彩平衡"命令更直观，效果最明显。

3.2　改变花瓣颜色

实例目标

本例将打开一幅紫色花朵图像，然后运用色彩调整命令改变其中 4 个花瓣的图像颜色，最后提高整幅图像的亮度与对比度，使其花朵颜色更为鲜艳。处理前后的对比效果如图 3-9 所示。同时本例在色彩调整过程中要求使用调整图层来操作，这样可便于后期随时改变调整参数，以得到不同的花瓣颜色效果。

素材文件\第 3 章\改变花瓣颜色\花朵.tif
最终效果\第 3 章\改变花瓣颜色.psd

图 3-9

制作思路

本例的制作思路如图 3-10 所示，涉及的知识点有磁性套索工具、调整图层、"色相/饱和度"命令和"黑白"命令，调整图层和两个调整命令的使用是本例的制作重点。

①选取并调整两个花瓣颜色　　②选取并调整另两个花瓣颜色　　　③调整整体曲线

图 3-10

操作步骤

（1）打开素材文件"花朵.tif"，选择工具箱中的磁性套索工具 ，单击属性栏中的"添加到选区"按钮 。

（2）在窗口中沿着需要调整颜色的花瓣轮廓单击选取图形，选取一个花瓣图形后再选取与它相对位置上的花瓣图形，效果如图 3-11 所示。

（3）选择【选择】/【修改】/【羽化】命令，打开"羽化选区"对话框，设置羽化半径为 1 像素，单击"确定"按钮。

（4）单击"图层"面板下方的"创建新的填充或调整图层"按钮 ，在弹出的菜单中选择"色相/饱和度"命令，打开"色相/饱和度"对话框。

（5）在其中分别设置"色相"为 44，"饱和度"为 4，"明度"为 6，单击"确定"按钮，参数设置如图 3-12 所示。

图 3-11

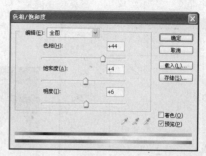

图 3-12

（6）取消选区后使用磁性套索工具 再选取两个花瓣图形，效果如图 3-13 所示。

（7）选择【选择】/【修改】/【羽化】命令，打开"羽化选区"对话框，设置羽化半径为 1 像素，单击"确定"按钮。

（8）单击"图层"面板下方的"创建新的填充或调整图层"按钮 ，在弹出的菜单中选择"黑白"命令，打开"黑白"对话框，在其中设置参数分别为 40、60、40、60、20 和 80，并选中"色调"复选框，设置"色相"为 197，"饱和度"为 65，如图 3-14 所示，单击"确定"按钮。

图 3-13

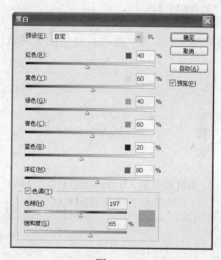

图 3-14

（9）单击"图层"面板下方的"创建新的填充或调整图层"按钮 ，在弹出的菜单中选择"曲线"命令，打开"曲线"对话框。

（10）在曲线上单击鼠标创建调节点，并拖动调节点调整曲线，参数设置如图 3-15 所示，单击"确定"按钮，完成本例效果的调整，此时在"图层"面板中可以看到生成的调整图层，效果如图 3-16 所示，双击各调整图层前面的缩略图，便可再次打开参数对话框重新进行调整。

提示　单击"图层"面板下方的"创建新的填充或调整图层"按钮 ，在弹出的菜单中选择各种命令与选择【图像】/【调整】子菜单中的命令的作用是完全相同的，区别在于前者将生成单独的调整图层，可以随时查看和改变其调整参数。

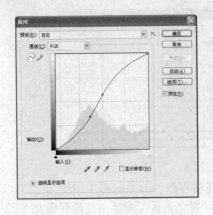

图 3-15   图 3-16

3.3 制作美术教材封面

 **实例目标**

本例将为一本名为"命题设计"的美术教材制作封面，最终效果如图 3-17 所示。

素材文件\第 3 章\美术教材封面\绘画.tif
最终效果\第 3 章\美术教材封面.psd

图 3-17

 **制作思路**

本例的制作思路如图 3-18 所示，涉及的知识点有"色相/饱和度"命令、"曲线"命令、"色阶"命令、文字工具、"描边"命令等，其中封面上 4 个图片的色彩处理及文字添加是本例的制作重点。

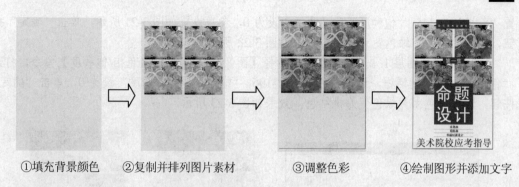

①填充背景颜色　　②复制并排列图片素材　　③调整色彩　　④绘制图形并添加文字

图 3-18

3.3.1　填充背景并导入图片

（1）新建 "书籍封面" 图像文件，图像宽度与高度分别为 10 厘米和 15 厘米，分辨率为 150 像素/英寸。

（2）单击工具箱中的设置前景色按钮█，打开 "拾色器" 对话框，设置颜色为浅灰色（R:224，G:229，B:225），按 "Alt+Delete" 组合键，将背景填充为浅灰色。

（3）打开 "绘画.tif" 素材文件，选择工具箱中的移动工具█，将素材拖移到书籍封面文件中，生成 "图层 1"，按 "Ctrl+T" 组合键，调整素材的大小和位置适当后按 "Enter" 键确认变换，效果如图 3-19 所示。

（4）选择工具箱中的移动工具█，按住 "Alt" 键不放拖动素材到合适的位置，得到 "图层 1 副本" 图层，用同样的方法复制图层，并对其进行排列，效果如图 3-20 所示。

图 3-19

图 3-20

3.3.2　调整图片颜色

（1）选择工具箱中的移动工具█，在右上角的图片上单击鼠标右键，在弹出的快捷菜单中选择 "图层 1 副本" 命令，切换到该图层。

（2）选择【图像】/【调整】/【色相/饱和度】命令，打开 "色相/饱和度" 对话框，设置"色相"为 145，"饱和度"和"明度"设为 0，参数设置如图 3-21 所示，单击"确定"按钮，图片颜色由黄绿色变为蓝色，效果如图 3-22 所示。

（3）选择"图层 1 副本 3"图层，选择【图像】/【调整】/【色相/饱和度】命令，打开"色相/饱和度"对话框，设置"色相"为-106，"饱和度"和"明度"设为 0，单击"确定"按钮，图片颜色由黄绿色变为桃红色，效果如图 3-23 所示。

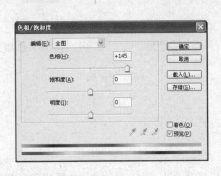  

图 3-21   图 3-22   图 3-23

（4）选择"图层 1 副本 2"图层，选择【图像】/【调整】/【曲线】命令，打开"曲线"对话框，分别在"通道"下拉列表框中选择"蓝"、"红"、"绿"和"RGB"通道，然后调整曲线弧度，各通道下的调整曲线图如图 3-24 所示。

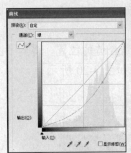 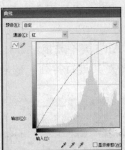 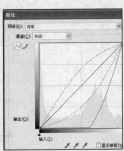 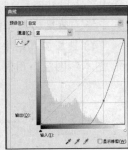

图 3-24

（5）单击"确定"按钮，图片颜色由黄绿色变为橘红色，单击"图层"面板上的"创建新图层"按钮，新建"图层 2"。

（6）选择工具箱中的矩形选框工具，在窗口中沿着图像素材边缘拖动鼠标，创建一个矩形选区。

（7）选择【编辑】/【描边】命令，在打开的对话框中设置宽度为 2 像素，颜色为黑色，选中"居外"单选项，单击"确定"按钮，对选区进行描边。

（8）在"图层"面板中的"图层 2"上单击鼠标右键，在弹出的快捷菜单中选择"混合选项"命令，打开"图层样式"对话框，选中"斜面和浮雕"复选框，设置样式为枕状浮雕，并设置"深度"为 225，"大小"为 4，参数设置如图 3-25 所示，单击"确定"按钮应用设置，效果如图 3-26 所示。

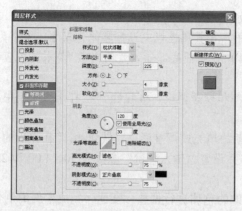

图 3-25

图 3-26

3.3.3　添加封面文字元素

（1）单击"图层"面板上的"创建新图层"按钮，新建"图层 3"，选择工具箱中的矩形工具，单击其属性栏中的"填充像素"按钮，设置前景色为蓝色（R:18，G:74，B:94），在窗口中拖动鼠标，绘制 3 个蓝色矩形，效果如图 3-27 所示。

（2）选择工具箱中的横排文字工具，在其属性栏中选择字体为黑体，设置颜色为浅灰色（R:224，G:229，B:225），在窗口中绘制的 3 个矩形中分别输入文字，输入后分别选择各个文字图层，单击文字工具属性栏中的"字符和段落调板"按钮，在打开的面板中分别调整其大小等参数，参数设置如图 3-28 所示。

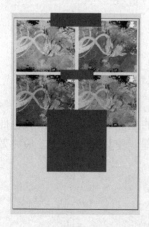

图 3-27

图 3-28

（3）选择工具箱中的横排文字工具，在其属性栏中选择字体为黑体，大小为 10 点，并设置文字颜色为黑色，在窗口中输入"装饰画"、"招贴画"和"书籍封面设计" 3 行文字。

（4）选择工具箱中的直线工具，单击其属性栏中的"填充像素"按钮，设置粗细为 1 像素，并设置前景色为蓝色（R:18，G:74，B:94），按住"Shift"键不放，在步骤（3）输入的文字下方绘制 3 条蓝色水平直线，效果如图 3-29 所示。

（5）选择工具箱中的横排文字工具 T，在其属性栏中选择字体为宋体，大小为 30 点，并设置文字颜色为蓝色（R:18，G:74，B:94），在封面底部输入蓝色文字"美术院校应考指导"，效果如图 3-30 所示。

（6）单击文字工具属性栏上的"字符和段落调板"按钮 ，在打开的面板中单击"粗体"按钮 T，加粗文本。

（7）单击"图层"面板上的"创建新的填充或调整图层"按钮 ，在弹出的菜单中选择"色阶"命令，打开"色阶"对话框，并设置"输入色阶"参数为 30、1.00 和 235，参数设置如图 3-31 所示。

（8）单击"确定"按钮，对封面整体的色调进行调整。至此，完成本例的制作。

图 3-29

图 3-30

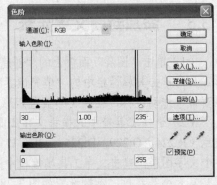
图 3-31

3.4　制作怀旧风格的艺术照

实例目标

　　本例将制作一种怀旧风格的艺术照效果，整个艺术照的主色调偏黄，两张彩色照片经过处理形成旧照片效果，并将装饰图形、背景等进行适当处理，使其融为一体。最终效果如图 3-32 所示。

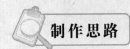
制作思路

　　本例的制作思路如图 3-33 所示，涉及的知识点有"描边"命令、"曲线"命令、"色彩平衡"命令、"色阶"命令、"去色"命令、"色相/饱和度"命令、"亮度/对比度"命令以及图层样式的使用等，其中如何将彩色图片处理成单色旧照片效果是本例的制作重点。

图 3-32

素材文件\第 3 章\怀旧风格的艺术照\照片.tif、枫叶.tif、蝴蝶兰.tif…

最终效果\第 3 章\怀旧风格的艺术照.psd

①打开并复制背景　　②处理背景和照片颜色　　③处理花朵和枫叶等装饰　　④添加文字等

图 3-33

3.4.1 处理艺术照背景

（1）打开"背景.tif"素材文件，按"Ctrl+J"组合键复制生成"图层 1"，选择【图像】/【调整】/【去色】命令，将"图层 1"中的图像进行去色处理，即转为黑白效果。

（2）选择【图像】/【调整】/【曲线】命令，在打开的"曲线"对话框中调整曲线如图3-34 所示，单击"确定"按钮应用设置。

（3）选择【图像】/【调整】/【色阶】命令，在打开的"色阶"对话框中设置"输入色阶"值为 10、1.25 和 219，单击"确定"按钮，效果如图 3-35 所示。

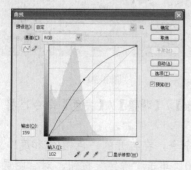

图 3-34

图 3-35

（4）选择【图像】/【调整】/【色相/饱和度】命令，在打开的"色相/饱和度"对话框中选中"着色"复选框，然后设置"色相"为45，"饱和度"为35，"明度"为5，单击"确定"按钮，此时背景将从黑白变为浅黄色。

（5）选择【图像】/【调整】/【亮度/对比度】命令，在打开的"亮度/对比度"对话框中设置"亮度"为-10，"对比度"为30，参数设置如图3-36所示，单击"确定"按钮，完成背景的处理，效果如图3-37所示。

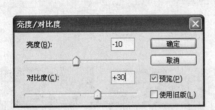

图 3-36

图 3-37

3.4.2　将图片处理成旧照片效果

（1）打开"照片.tif"素材文件，选择工具箱中的移动工具，拖动整个图片拖动到"背景"文件窗口中，自动生成"图层2"。

（2）按"Ctrl+T"组合键，打开自由变换调节框，调整图像的大小、位置和角度，按"Enter"键确定变换，效果如图3-38所示。

（3）按住"Ctrl"键的同时单击"图层2"的缩览图，载入图片的外轮廓选区，选择【编辑】/【描边】命令，在打开的对话框中设置描边颜色为白色，"宽度"为8，"不透明度"为100，单击"确定"按钮，效果如图3-39所示。

图 3-38

图 3-39

（4）按"Ctrl+D"组合键取消选区，选择【图像】/【调整】/【去色】命令，将"图层2"中的图像进行去色处理。

（5）选择【图像】/【调整】/【色相/饱和度】命令，在打开的"色相/饱和度"对话框中设置"色相"为45，"饱和度"为45，"明度"为0，单击"确定"按钮，对"图层2"中的照片进行上色处理。

（6）双击"图层 2"后面的空白处，在打开的对话框中选中"投影"复选框，设置"距离"为 10，"扩展"为 10，"大小"为 5，单击"确定"按钮，为"图层 2"中的人物照片添加投影，效果如图 3-40 所示。

（7）打开"古老灯具.tif"素材文件，选择工具箱中的移动工具 ，拖动图片到"背景"文件窗口中，自动生成"图层 3"。

（8）按"Ctrl+T"组合键，打开自由变换调节框，调整图像的大小、位置和角度，按"Enter"键确认变换。

（9）按住"Ctrl"键的同时单击"图层 3"的缩览图，载入图片的外轮廓选区，选择【编辑】/【描边】命令，在打开的对话框中设置描边颜色为白色，"宽度"为 8，"不透明度"为 100，单击"确定"按钮，效果如图 3-41 所示。

图 3-40   图 3-41

（10）按"Ctrl+D"组合键取消选区，选择【图像】/【调整】/【去色】命令，将"图层 3"中的图像进行去色处理。

（11）选择【图像】/【调整】/【色相/饱和度】命令，在打开的"色相/饱和度"对话框中选中"着色"复选框，然后设置"色相"为 45，"饱和度"为 35，"明度"为 0，参数设置如图 3-42 所示，单击"确定"按钮。

（12）双击"图层 3"后面的空白处，在打开的对话框中选中"投影"复选框，设置"距离"为 6，"扩展"为 3，"大小"为 5，单击"确定"按钮，完成对两个照片的色彩处理，效果如图 3-43 所示。

图 3-42   图 3-43

3.4.3　添加和处理装饰素材

（1）打开"蝴蝶兰.tif"素材文件，选择工具箱中的魔棒工具，在窗口中单击红色背景图像部分，按"Ctrl+Shift+I"组合键反选选区。

（2）选择工具箱中的移动工具，拖动选区花朵内容到前面的照片背景文件窗口中，自动生成"图层4"，效果如图3-44所示。

（3）按"Ctrl+T"组合键，打开自由变换调节框，调整图像的大小、位置和角度，按"Enter"键确认变换，然后选择"图层4"，将其拖动到"图层1"的上面，效果如图3-45所示。

图 3-44　　　　　　　　　　　　　　　　　　图 3-45

（4）选择【图像】/【调整】/【去色】命令，将"图层4"中的图像进行去色处理。

（5）选择【图像】/【调整】/【色相/饱和度】命令，在打开的"色相/饱和度"对话框中设置"色相"为45，"饱和度"为40，"明度"为20，单击"确定"按钮。

（6）选择【图像】/【调整】/【亮度/对比度】命令，在打开的对话框中设置"亮度"为-40，"对比度"为55，单击"确定"按钮。

（7）选择【图像】/【调整】/【色彩平衡】命令，在打开的对话框中选中"中间调"单选项，设置"色阶"为-10、10和40，参数设置如图3-46所示，单击"确定"按钮，效果如图3-47所示。

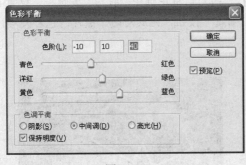

图 3-46　　　　　　　　　　　　　　　　　　图 3-47

（8）双击"图层4"后面的空白处，在打开的对话框中选中"投影"复选框，设置"距离"为10，"扩展"为15，"大小"为5，单击"确定"按钮，为"图层4"添加投影效果。

（9）拖动"图层4"到"图层"面板下方的"创建新图层"按钮上，复制生成"图层

4 副本"图层。

（10）按"Ctrl+T"组合键，打开自由变换调节框，调整复制的花朵图像的大小、位置和角度，按"Enter"键确认变换，效果如图 3-48 所示。

（11）打开"枫叶.tif"素材文件，选择工具箱中的魔棒工具，在窗口中单击白色背景部分，按"Ctrl+Shift+I"组合键反选选区，用移动工具拖动选区内容到照片背景文件窗口中，自动生成"图层 5"。

（12）按"Ctrl+T"组合键，打开自由变换调节框，调整图像的大小、位置和角度，按"Enter"键确认变换。

（13）双击"图层 5"后面的空白处，在打开的对话框中选中"投影"复选框，设置"距离"为 5，"大小"为 5，单击"确定"按钮，效果如图 3-49 所示。

图 3-48　　　　　　　　　　　　　　　　图 3-49

（14）打开"蝴蝶.tif"素材文件，选择工具箱中的魔棒工具，在窗口中单击白色背景，按"Ctrl+Shift+I"组合键反选选区，用移动工具拖动选区内容到照片背景文件窗口中，自动生成"图层 6"。

（15）按"Ctrl+T"组合键，打开自由变换调节框，调整图像的大小、位置和角度，按"Enter"键确认变换，效果如图 3-50 所示。

（16）双击"图层 6"后面的空白处，在打开的对话框中选中"投影"复选框，设置"距离"为 8，"扩展"为 10，"大小"为 5，单击"确定"按钮。

（17）选择工具箱中的横排文字工具 T，选择个人喜好的字体和大小，在照片中输入相应的文字，效果如图 3-51 所示，并为文字图层设置图层混合模式为"叠加"，完成本例的制作。

图 3-50　　　　　　　　　　　　　　　　图 3-51

3.5　制作梦幻写真

实例目标

本例将根据提供的 3 幅婚纱照片和两个风景素材，将其合成具有梦幻风格的婚纱写真照，最终效果如图 3-52 所示。

素材文件\第 3 章\梦幻写真\婚纱素材 1.tif
最终效果\第 3 章\梦幻写真.psd

图 3-52

制作思路

本例的制作思路如图 3-53 所示，涉及的知识点有"曲线"命令、"色阶"命令、"亮度/对比度"命令、"色彩平衡"命令、画笔工具、直线工具、自定形状工具和图层样式、蒙版的使用等，其中背景的处理和写真整体梦幻色彩的调整是本例的制作重点。

①拖入素材文件

②合成背景

③使用色阶命令

④添加其他照片素材

图 3-53

操作步骤

3.5.1　调整背景的色调

（1）新建"梦幻写真"文件，文件宽度和高度分别为 20 厘米和 15 厘米，分辨率为 150 像素/英寸。.

（2）打开"黄昏日落.tif"素材文件，选择工具箱中的移动工具 ，拖动图片到"梦幻写真"文件窗口中，自动生成"图层 1"。

（3）按"Ctrl+T"组合键打开自由变换调节框，按住"Shift"键不放，调整图像的大小和位置，按"Enter"键确认变换，效果如图 3-54 所示。

（4）选择【图像】/【调整】/【色阶】命令，打开"色阶"对话框，设置"输入色阶"参数为 14、1.00 和 237，单击"确定"按钮，参数设置如图 3-55 所示。

图 3-54　　　　　　　　　　　　　　图 3-55

（5）选择【图像】/【调整】/【曲线】命令，打开"曲线"对话框，在"通道"下拉列表框中分别选择"红"、"绿"和"蓝"通道，并分别调整曲线形状至如图 3-56 所示，完成后单击"确定"按钮。

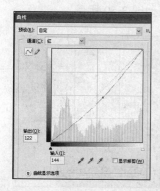
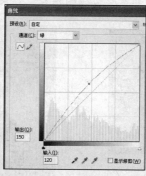
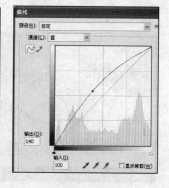

图 3-56

（6）选择【图像】/【调整】/【亮度/对比度】命令，打开"亮度/对比度"对话框，设置"亮度"为 88，"对比度"为 28，单击"确定"按钮。

（7）单击"创建新图层"按钮 ，新建"图层 2"，设置前景色为浅蓝色（R:201，G:232，B:248），选择工具箱中的画笔工具 ，在属性栏中设置画笔为柔角画笔样式，"不透明度"为 100，在窗口左下角处进行涂抹，并设置"图层 2"的混合模式为"柔光"，完成背景色调的处理，效果如图 3-57 所示。

 提示　在使用【图像】/【调整】子菜单中的调整命令时，在其参数设置对话框中选中"预览"复选框，这样在调整的同时便可直观地在图像窗口中观察到调整的效果。

图 3-57

3.5.2 合成背景

（1）打开"蓝天白云.tif"素材文件，选择工具箱中的移动工具，拖动图片到"梦幻写真"文件窗口中，自动生成"图层 3"。

（2）按"Ctrl+T"组合键打开自由变换调节框，按住"Shift"键不放，调整图像的大小和位置，使其位于图像的上方，按"Enter"键确认变换，效果如图 3-58 所示。

（3）单击"图层"面板下方的"添加图层蒙版"按钮，为"图层 3"添加图层蒙版，选择工具箱中的画笔工具，在属性栏中设置"不透明度"为 60，在窗口中天空下方位置进行局部涂抹，使其与下方的黄昏日落素材边缘相融合，效果如图 3-59 所示。

图 3-58   图 3-59

（4）单击"图层"面板下方的"创建新的填充或调整图层"按钮，在弹出的下拉菜单中选择"色阶"命令，打开"色阶"对话框，设置"输入色阶"参数为 70、0.68 和 210，单击"确定"按钮。

（5）单击"色阶 1"图层后面的图层蒙版缩略图，选择工具箱中的画笔工具，在属性栏中设置"不透明度"为 100%，在窗口中下方"黄昏日落"素材中进行局部涂抹。

（6）单击"图层"面板下方的"创建新的填充或调整图层"按钮，在弹出的下拉菜单中选择"色彩平衡"命令，打开"色彩平衡"对话框，选中"中间调"单选项，设置"色阶"参数为-100、28 和 100，其他参数设置如图 3-60 所示，单击"确定"按钮，效果如图 3-61 所示。

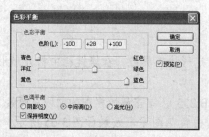

图 3-60　　　　　　　　　　　　　　　　　图 3-61

（7）单击"图层"面板下方的"创建新的填充或调整图层"按钮 ，在弹出的下拉菜单中选择"曲线"命令，打开"曲线"对话框。在"通道"下拉列表框中分别选择"红"、"绿"、"蓝"和"RGB"通道，并分别调整曲线至如图 3-62 所示，单击"确定"按钮。

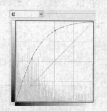

图 3-62

（8）单击"曲线 1"图层后面的图层蒙版缩略图，选择工具箱中的画笔工具 ，在窗口下方的小船处进行局部涂抹。

（9）单击"创建新图层"按钮 ，新建"图层 4"，设置前景色为白色（R:255，G:255，B:255）。选择工具箱中的画笔工具 ，在属性栏中设置画笔为柔角 100 像素画笔，在"黄昏日落"和"蓝天白云"边缘交接处涂抹，使其颜色变淡，效果如图 3-63 所示。

（10）单击"创建新图层"按钮 ，新建"图层 5"，设置前景色为浅橘色（R:255，G:214，B:118），在窗口中"小船"四周的位置进行涂抹，完成后设置"图层 5"的图层混合模式为柔光，改变小船图像的色彩。

（11）单击"创建新图层"按钮 ，新建"图层 6"，选择工具箱中的直线工具 ，单击属性栏中的"填充像素"按钮 ，设置粗细为 2 像素，前景色为蓝色（R:152，G:188，B:232），在窗口右侧绘制数条长短不一的直线，之后设置"图层 6"的混合模式为正片叠底，完成背景的合成，效果如图 3-64 所示。

图 3-63　　　　　　　　　　　　　　　　　图 3-64

3.5.3 绘制图形部分

（1）新建"图层 7"，选择工具箱中的自定形状工具 ，在属性栏中打开"形状"下拉列表框，选择"花 1"形状 ●。

（2）设置前景色为白色（R:255，G:255，B:255），单击属性栏中的"填充像素"按钮 ，按住"Shift"键不放，在窗口右上角拖动绘制白色花图案，效果如图 3-65 所示。

（3）双击"图层 7"后面的空白处，打开"图层样式"对话框，选中"斜面和浮雕"复选框，设置"深度"为 62，"大小"为 7，"软化"为 9，"不透明度"为 100，"阴影颜色"为蓝色（R:19，G:47，B:152），其他参数保持不变，参数设置如图 3-66 所示。

（4）在"图层样式"对话框中选中"投影"复选框，设置投影颜色为蓝色（R:31，G:149，B:4），"不透明度"为 80，"大小"为 9，其他参数保持不变，单击"确定"按钮，效果如图 3-67 所示。

　　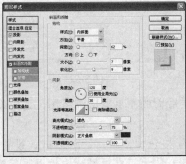　　

图 3-65　　　　　　　　　　　　图 3-66　　　　　　　　　　　　图 3-67

（5）按两次"Ctrl+J"组合键复制生成"图层 7 副本"和"图层 7 副本 2"图层，再分别按"Ctrl+T"组合键调整图像的大小和位置，按"Enter"键确认，效果如图 3-68 所示。

（6）新建"图层 8"，选择工具箱中的自定形状工具 ，在属性栏中的"形状"下拉列表框中选择"八分音符"形状 ♪，并单击属性栏中的"填充像素"按钮 ，设置不同的不透明度，按住"Shift"键不放，在窗口右侧随意拖动绘制大小不一的音符图案。

（7）采用相同的方法，新建"图层 9"，在属性栏中的"形状"下拉列表框中选择"雪花 3"形状 ❋，在窗口右侧随意拖动绘制大小不一的雪花图案，完成本例装饰图形的绘制，效果如图 3-69 所示。

图 3-68　　　　　　　　　　　图 3-69

3.5.4　调入与编辑照片图形

（1）打开"婚纱素材 1.tif"素材文件，选择【选择】/【色彩范围】命令，打开"色彩范围"对话框，设置"颜色容差"为 180，在窗口中黄色背景位置单击取样，单击"确定"按钮，按"Ctrl+Shift+I"组合键反向选取人物图像，得到的选区如图 3-70 所示。

（2）选择工具箱中的移动工具 ，拖动选区内容到"梦幻写真"文件窗口中，自动生成"图层 10"，按"Ctrl+T"组合键调整其大小，并拖至图像窗口左上角位置。

（3）单击"图层"面板下方的"添加图层蒙版"按钮 ，为"图层 10"添加图层蒙版，选择工具箱中的画笔工具 ，在属性栏中设置画笔为柔角 100 像素画笔，"不透明度"为 50，在窗口中人物下方的边缘处进行局部涂抹，使其与背景融合，效果如图 3-71 所示。

　　　　　　图 3-70　　　　　　　　　　　　　　　图 3-71

（4）单击"图层"面板下方的"创建新的填充或调整图层"按钮 ，在弹出的下拉菜单中选择"色彩平衡"命令，打开"色彩平衡"对话框，选中"中间调"单选项，设置"色阶"参数为-25、2 和 36，单击"确定"按钮。

（5）单击"图层"面板下方的"创建新的填充或调整图层"按钮 ，在弹出的下拉菜单中选择"色阶"命令，打开"色阶"对话框，设置"输入色阶"参数为 36、1.50 和 236，单击"确定"按钮，效果如图 3-72 所示。

（6）单击"色阶 2"图层后面的图层蒙版缩略图，选择工具箱中的画笔工具 ，在属性栏中设置"不透明度"为 100%，在窗口中除人物部分之外的其他位置进行涂抹。

（7）打开"婚纱素材 2.tif"素材文件，选择工具箱中的移动工具 ，拖动图像到"梦幻写真"文件中，自动生成"图层 11"，按"Ctrl+T"组合键调整图像的大小，并调整位置到右上角绘制的花形状图形上，效果如图 3-73 所示。

（8）按住"Ctrl"键不放，单击"图层 7"的缩略图，载入外轮廓选区，单击"图层"面板下方的"添加图层蒙版"按钮 ，为"图层 11"添加图层蒙版，此时将隐藏花形状图形选区外的图像，效果如图 3-74 所示。

（9）设置"图层 11"的混合模式为正片叠底，图层的不透明度为 60%，按"Ctrl+J"组合键复制"图层 11"，生成"图层 11 副本"图层，按"Ctrl+T"组合键进行自由变换，将其调整到最右下角的花形状图形上方，效果如图 3-75 所示。

图 3-72

图 3-73

图 3-74

图 3-75

（10）打开"婚纱素材 3.tif"素材文件，选择工具箱中的移动工具，拖动图像到"梦幻写真"文件窗口中，自动生成"图层 12"，按"Ctrl+T"组合键进行自由变换，将其调整到右侧中间的花形状图形上。

（12）按住"Ctrl"键不放单击"图层 7 副本"图层的缩略图，载入外轮廓选区，再单击"图层"面板下方的"添加图层蒙版"按钮，为"图层 12"添加图层蒙版，此时将隐藏花形状图形选区外的图像，效果如图 3-76 所示。

（13）设置"图层 12"的混合模式为正片叠底，图层的不透明度为 55%，新建"图层 13"，选择工具箱中的画笔工具，在属性栏中分别设置画笔为柔角 30 像素和交叉排线 4 画笔，在窗口左半部分绘制"满天星星"和发光效果，效果如图 3-77 所示。

图 3-76

图 3-77

　　（14）单击"图层"面板下方的"创建新的填充或调整图层"按钮，在弹出的下拉菜单中选择"色阶"命令，打开"色阶"对话框，设置参数如图 3-78 所示，单击"确定"按钮。

　　（15）分别选择工具箱中的横排文字工具和直排文字工具，将字体设为 Arial，在图像中适当位置输入白色的英文字母，效果如图 3-79 所示。至此，完成本例的制作，按"Ctrl+S"组合键保存图像文件。

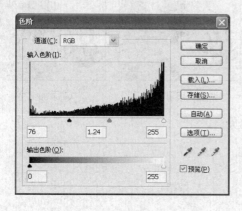

图 3-78

图 3-79

3.6　制作化妆品广告

实例目标

　　本例将根据提供的人物和产品两个素材，将其制作成流行时尚的化妆品广告，完成后的最终效果如图 3-80 所示。

　　素材文件\第 3 章\化妆品广告\化妆品.tif、人物.tif
　　最终效果\第 3 章\化妆品广告.psd

图 3-80

制作思路

本例的制作思路如图 3-81 所示，涉及的知识点有快速选择工具、"曲线"命令、"色阶"命令、"亮度/对比度"命令、"色彩平衡"命令、"高斯模糊"命令等，其中广告人物色彩的调整是本例的制作重点。

①调入人物素材 ②美白皮肤 ③调整亮度和对比度 ④添加文字

图 3-81

操作步骤

3.6.1　调入画妆人物素材

（1）新建"化妆品广告"文件，设置其宽度为 10 厘米，高度为 7.5 厘米，分辨率为 180 像素/英寸，颜色模式为 RGB 颜色。

（2）设置前景色为紫红色（R:252，G:240，B:240），按"Alt+Delete"组合键将背景图层填充为前景色，效果如图 3-82 所示。

（3）打开"人物.tif"素材文件，选择工具箱中的快速选择工具，在窗口中单击人物部分，载入选区，按"Ctrl+Alt+D"组合键，在打开的对话框中设置羽化半径为 3 像素，单击"确定"按钮，选取的图像如图 3-83 所示。

（4）选择工具箱中的移动工具，拖动选区内容到"化妆品广告"文件窗口中，自动生成"图层 1"。

（5）按"Ctrl+T"组合键，打开自由变换调节框，调整好人物图像的大小和位置，按"Enter"键确认变换，效果如图 3-84 所示。

图 3-82　　　　　　　图 3-83　　　　　　　图 3-84

3.6.2　美白人物皮肤

（1）选择工具箱中的快速选择工具，在窗口中单击人物皮肤部分，载入选区，按"Ctrl+Alt+D"组合键，在打开的对话框中设置羽化半径为 5 像素，单击"确定"按钮。

（2）按"Ctrl+J"组合键复制生成"图层 2"，选择【图像】/【调整】/【曲线】命令，在打开的"曲线"对话框中调整曲线为如图 3-85 所示，单击"确定"按钮。

（3）选择【图像】/【调整】/【色阶】命令，在打开的"色阶"对话框中设置"输入色阶"为 0、1.70 和 230，单击"确定"按钮，效果如图 3-86 所示。

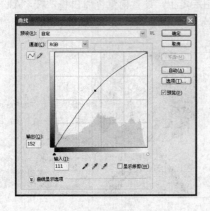

图 3-85

图 3-86

（4）选择【图像】/【调整】/【色彩平衡】命令，在打开的"色彩平衡"对话框中选中"中间调"单选项，设置"色阶"为-25、20 和 25。

（5）选中"阴影"单选项，设置"色阶"为-20、15 和 25，再选中"高光"单选项，设置"色阶"为 7、-7 和 15，单击"确定"按钮，效果如图 3-87 所示。

（6）选择"图层 1"，选择【图像】/【调整】/【曲线】命令，在打开的"曲线"对话框中单击添加一个控制点并向上方拖动，使图像色调变亮，效果如图 3-88 所示，单击"确定"按钮。

图 3-87

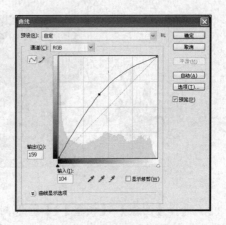

图 3-88

（7）选择【图像】/【调整】/【色阶】命令，在打开的"色阶"对话框中设置"输入色阶"为0、1.70和230，单击"确定"按钮。

（8）拖动"图层2"到"图层"面板下方的"创建新图层"按钮，复制出"图层2副本"图层，选择【滤镜】/【模糊】/【高斯模糊】命令，在打开的"高斯模糊"对话框中设置半径为3，单击"确定"按钮，效果如图3-89所示。

（9）设置"图层2副本"图层的不透明度为45%，选择工具箱中的橡皮擦工具，在属性栏中设置画笔为柔角10像素，"不透明度"为55，在窗口中的眉、眼、嘴和齿局部涂抹擦除图像。

（10）新建"图层3"，并将其拖动到"背景"图层之上，设置前景色为白色，按"Alt+Delete"组合键将"图层3"填充为前景色，完成本例人物皮肤的美白，效果如图3-90所示。

图3-89   图3-90

3.6.3　添加产品图像和文字

（1）打开"化妆品.tif"素材文件，选择工具箱中的移动工具，拖动选区内容到"化妆品广告"文件窗口中，自动生成"图层4"。

（2）按"Ctrl+T"组合键，打开自由变换调节框，调整图像的大小和位置，按"Enter"键确定认换，效果如图3-91所示。

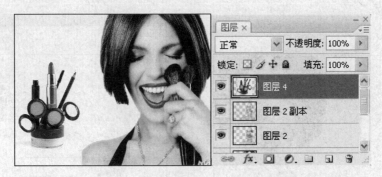

图3-91

（3）选择【图像】/【调整】/【亮度/对比度】命令，在打开的"亮度/对比度"对话框中设置"亮度"为20，"对比度"为55，单击"确定"按钮，提高化妆品图像的亮度与对比度。

（4）新建"图层 5"，选择工具箱中的矩形选框工具🔲，在窗口下方绘制矩形选区，效果如图 3-92 所示。

（5）按"Alt+Delete"组合键将选区填充为白色，按"Ctrl+D"组合键取消选区，然后设置"图层 5"的不透明度为 40%，效果如图 3-93 所示。

图 3-92

图 3-93

（6）选择工具箱中的横排文字工具 T，在属性栏中设置字体为方正美黑简体，字号为 14 点，在前面绘制的半透明白色矩形上输入广告宣传文字，颜色为橙色，效果如图 3-94 所示。

（7）选择工具箱中的横排文字工具 T，在广告中适当的位置继续输入其他文字，并根据需要设置适合的字体与字号大小，如图 3-95 所示，至此，完成本例的制作。

图 3-94

图 3-95

3.7 课后练习

根据本章所学内容，动手完成以下实例的制作。

练习 1 处理单色调图像

运用转换图像色彩模式将提供的婚纱照转换为灰度，再运用"色相/饱和度"命令将其处理成梦幻的紫色调单色婚纱照效果（根据喜好也可处理成其他颜色的单色调效果），处理前后的对比效果如图 3-96 所示。

图 3-96

素材文件\第 3 章\课后练习\处理单色调图像\婚纱照.jpg

最终效果\第 3 章\课后练习\紫色调婚纱照.jpg

练习 2　校正图像的曝光和偏色

运用"色阶"命令和"亮度/对比度"命令调整一幅风景照的曝光和偏色问题，处理前后的对比效果如图 3-97 所示。

图 3-97

素材文件\第 3 章\课后练习\校正曝光和偏色\山坡.jpg

最终效果\第 3 章\课后练习\校正后的山坡图像.jpg

练习 3　制作春天变秋天效果

本练习是将一幅春天的风景照处理成秋天的风景照效果，先运用"色彩平衡"命令调整图像的阴影和高光颜色，然后运用"粗糙蜡笔"滤镜命令为其添加艺术效果，最后制作一个黑色的外边框，完成后的最终效果如图 3-98 所示。

素材文件\第 3 章\课后练习\春天变秋天效果\春天.tif
最终效果\第 3 章\课后练习\春天变秋天效果.psd

图 3-98

练习 4　更换衣服颜色

运用"替换颜色"命令和"亮度/对比度"命令为一人物衣服更换颜色，可根据需要调整成多种衣服颜色。图 3-99 所示为将橙色衣服更换为黄色衣服前后的对比效果。

素材文件\第 3 章\课后练习\更换衣服颜色\裙摆飞扬.tif
最终效果\第 3 章\课后练习\替换衣服颜色.psd

图 3-99

练习5　神奇换脸术

运用"匹配颜色"命令、"可选颜色"命令和"亮度/对比度"命令，将提供的人物素材1的脸置换到人物素材2中的人物脸部分，并调整色彩，使其融合在一起，换脸前后的对比效果如图3-100所示。

图 3-100

素材文件\第 3 章\课后练习\神奇换脸术\人物素材 1.jpg、人物素材 2.jpg
最终效果\第 3 章\课后练习\神奇换脸术.psd

练习 6　为黑白照片上色

本练习将对一张黑白照片进行上色处理，分别对照片中人物的各个服饰部分进行上色操作，并对背景的明暗程度进行调整，上色前后的对比效果如图 3-101 所示。

素材文件\第 3 章\课后练习\为黑白照上色\黑白照.jpg
最终效果\第 3 章\课后练习\照片上色效果.psd

图 3-101

练习 7　制作桃花节路牌广告

运用矩形选框工具、"色阶"命令、"亮度/对比度"命令、"描边"命令、横排文字工具等，将桃花背景素材分成几个选择区域并进行色彩调整，制作出如图 3-102 所示的桃花节路牌广告效果。

素材文件\第 3 章\课后练习\桃花节路牌广告\桃花.tif

最终效果\第 3 章\课后练习\桃花节路牌广告.psd

图 3-102

练习 8　制作音乐 CD 封面

运用"色彩平衡"命令、"色相/饱和度"命令、"亮度/对比度"命令、橡皮擦工具、图层混合模式、横排文字工具等，制作如图 3-103 所示的音乐 CD 封面效果。制作完成后还可自行根据需要尝试对封面整体的色彩与色调进行调整，制作出具有多种封面颜色的效果。

素材文件\第 3 章\课后练习\音乐 CD 封面\背景.tif、标志 1.tif、标志 2.tif、人物 1.tif、人物 2.tif 最终效果\第 3 章\课后练习\音乐 CD 封面.psd

图 3-103

第4章
输入与编排文字

在处理图像过程中有时需要为图像添加和编辑各种文字，在 Photoshop CS3 中利用文字工具输入文字后将自动创建相应的文字图层，对文字图层可以进行修改、格式设置等编辑，还可以创建变形文字或对文字图层应用样式等。本章将以 6 个实例来介绍输入与编排文字的相关操作，并结合图层以及前面学习过的绘图与编辑等操作，制作出广告、海报等设计作品。

本章学习目标：
- 制作名片
- 制作笔记本电脑宣传海报
- 制作化妆品宣传单
- 制作通信城店内招贴
- 制作农药产品宣传广告
- 制作摄影图书封面装帧

4.1   制作名片

实例目标

本例将绘制一公司标志，然后制作出如图 4-1 所示的公司名片效果（姓名、职务等可根据需要自行修改便可）。

素材文件\第4章\制作名片\羽毛.psd
最终效果\第4章\公司标志.psd、制作名片.psd

图4-1

本例的制作思路如图 4-2 所示，涉及的知识点有创建参考线、沿参考线绘制精确选区、输入文字、用"字符"面板设置字体格式、"纹理化"滤镜命令等，其中参考线的使用以及文字的输入与编辑是本例的制作重点。

① 绘制公司标志图形　② 添加公司标志中的文字　③ 制作名片背景　　　④ 输入名片文字

图 4-2

4.1.1　绘制公司标志

（1）新建"公司标志"图像，设置图像大小为 800 像素 × 600 像素，分辨率为 300 像素/英寸，然后按"Ctrl+R"组合键显示标尺，并分别拖动标尺创建如图 4-3 所示的水平和垂直参考线（用于绘图时进行定位）。

（2）新建"图层 1"，设置前景色为红色（R:255，G:0，B:0），背景色为蓝色（R:0，G:0，B:125），使用多边形套索工具 沿参考线绘制两个选区并填充前景色，再在红色图形左侧绘制多边形选区并填充背景色，效果如图 4-4 所示。

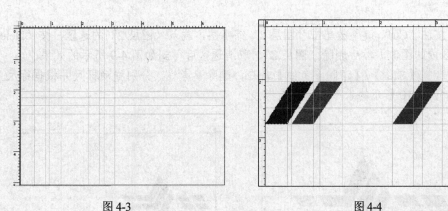

图 4-3　　　　　　　　　　　　　　　　　　图 4-4

（3）按"Ctrl+D"组合键取消选区，选择【视图】/【清除参考线】命令，删除参考线，分别拖动标尺并根据标尺上的刻度创建如图 4-5 所示的水平和垂直参考线。

（4）在工具箱中选择多边形套索工具 ，沿参考线绘制选区并填充前景色，效果如图 4-6 所示。

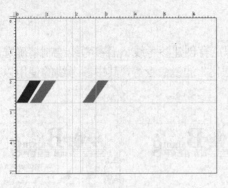

图 4-5

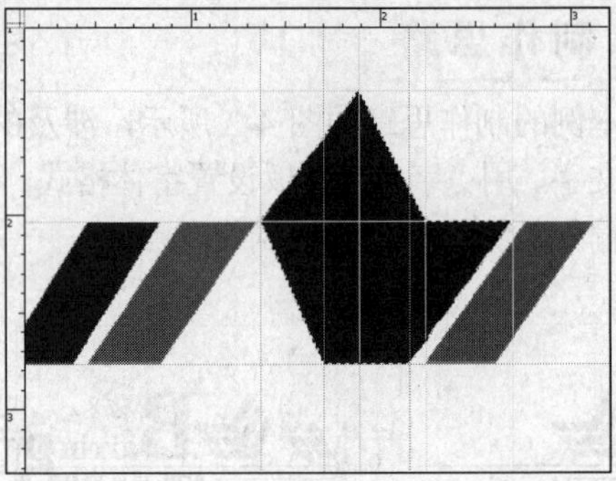

图 4-6

（5）选择【视图】/【清除参考线】命令，删除参考线，分别拖动标尺并根据标尺上的刻度创建如图 4-7 所示的水平和垂直参考线。

（6）新建"图层 2"，设置前景色为黑色，选择工具箱中的直线工具 ，在属性栏中单击"填充像素"按钮，设置粗细为 8px，沿参考线连续绘制如图 4-8 所示的线条图形。

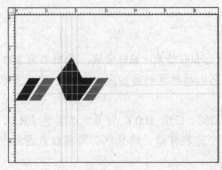

图 4-7

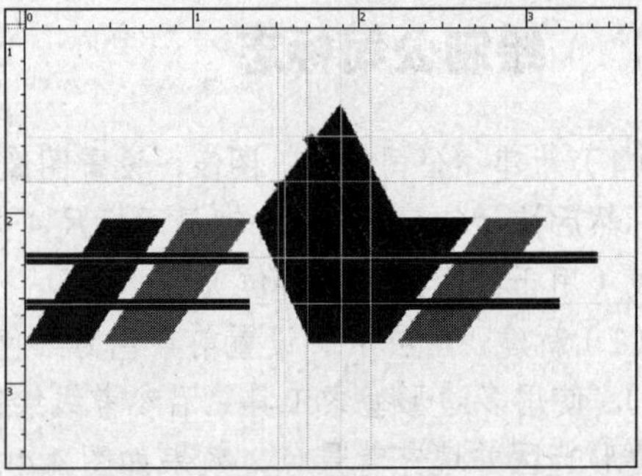

图 4-8

（7）按住"Ctrl"键不放单击"图层 2"缩略图，载入"图层 2"的选区，按"Delete"键删除选区内的图像，然后删除"图层 2"，取消选区后得到如图 4-9 所示的效果。

（8）选择【视图】/【清除参考线】命令，删除参考线，分别拖动标尺并根据标尺上的刻度创建如图 4-10 所示的水平和垂直参考线。

图 4-9

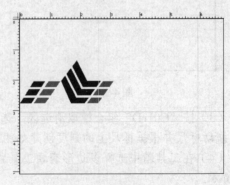

图 4-10

（9）按 "X" 键交换前景色和背景色，选择工具箱中的直线工具，在属性栏中设置粗细为 5px，沿参考线绘制如图 4-11 所示的水平线条。

（10）选择工具箱中的横排文字工具，在属性栏中设置字体为方正粗活意简体，字号为 22 点，在图像中单击输入 "Baixin" 文本，然后选择字母 "B"，在属性栏将其字号设置为 57 点，效果如图 4-12 所示。

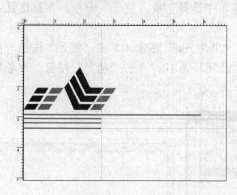

图 4-11

图 4-12

（11）保持字体和颜色不变，在属性栏中设置字号为 50 点，输入字母 "g"，并将其调整至 "Baixin" 文本右侧适当位置。

（12）在横排文字工具属性栏中修改字体为方正综艺简体，字号为 12 点，单击输入 "中国.百姓房产" 文本，将其移至如图 4-13 所示的位置。

（13）用横排文字工具在上方单击输入 "China" 文本，单击属性栏中的图标，弹出"字符" 面板，在字体下拉列表框中选择 "华文行楷"，在字体大小下拉列表框中选择 23 点，在字符间距下拉列表框中选择 200，然后单击 "颜色" 后的拾色框，在打开的对话框中选择红色，参数设置如图 4-14 所示。

（14）按 "Ctrl+R" 组合键隐藏参考线，完成本例标志的绘制，效果如图 4-15 所示。

图 4-13

图 4-14

图 4-15

提示　本例在绘制标志时多次绘制了参考线，其目的是便于图形的精确绘制，这样绘制的图形大小与实际标志的比例才相符合。

4.1.2　制作名片底纹和背景

（1）新建"制作名片"图像，设置图像大小为 9 厘米×5.5 厘米，按"Ctrl+R"组合键显示水平和垂直标尺，拖动图像窗口的右下角，显示出部分画布，以便于查看名片效果。

（2）选择【滤镜】/【纹理】/【纹理化】命令，在打开的"纹理化"对话框中单击"纹理"下拉列表框右侧的 按钮，在弹出的下拉菜单中选择"载入纹理"命令，参数设置如图 4-16 所示。

（3）在打开的"载入纹理"对话框中选择"羽毛.psd"图像，单击"打开"按钮，在返回的"纹理化"对话框中设置"缩放"为88，"凸现"为10，单击"确定"按钮，为名片背景制作羽毛状暗纹，效果如图 4-17 所示。

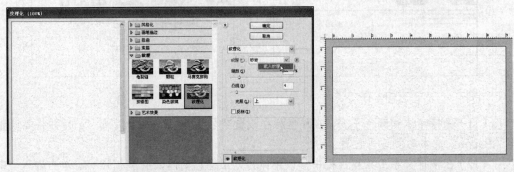

图 4-16　　　　　　　　　　　　　　　　　　图 4-17

（4）向下拖动水平标尺，并根据垂直标尺上的刻度创建 6 条水平参考线，向右侧拖动垂直标尺，创建 4 条垂直参考线。

（5）打开前面制作的"公司标志.psd"图像，将除背景层外的所有图层合并为一个图层，并删除背景图层，然后使用移动工具 将合并后的"公司标志"图像拖动复制到新建图像中生成"图层 1"，并参照参考线将其调整到如图 4-18 所示的位置。

（6）按"Ctrl+J"组合键复制生成一个"图层 1 副本"图层，并将其向下移动，使用多边形套索工具 选择标志中右侧部分的图像并删除，效果如图 4-19 所示。

图 4-18　　　　　　　　　　　　　　　　　　图 4-19

（7）取消选区后按"Ctrl+T"组合键，在出现变换框后按住"Shift+Alt"组合键向外拖动变换框适当放大图像，然后旋转变换框，并将其移动至名片右下侧，效果如图 4-20 所示，

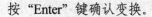

按"Enter"键确认变换。

（8）将当前图层的不透明度调整为 20%，降低复制的标志图形的不透明度，新建"图层 2"，设置前景色为红色（R:255，G:0，B:0），使用矩形选框工具圃沿参考线绘制矩形选区，并用前景色填充。

（9）取消选区后，设置前景色为蓝色（R:0，G:0，B:125），使用矩形选框工具圃沿参考线在红色小矩形下方绘制一个矩形选区，并用前景色填充为蓝色，效果如图 4-21 所示。

（10）按"Ctrl+D"组合键取消选区，至此已完成名片背景的制作。

图 4-20　　　　　　　　　　　　　　　　图 4-21

4.1.3　输入名片上的文字

（1）选择工具箱中的横排文字工具Ⅲ，在名片左下角空白区域单击输入"姓名"文本，拖动输入的文本，在属性栏中设置字体为文鼎中特广告体，字号为 20 点，颜色为黑色，效果如图 4-22 所示。

（2）使用横排文字工具Ⅲ在"姓名"文本下方输入"部门"和"职务"文本，选择输入的文本，在属性栏中设置字体为黑体，字号为 10 点，颜色为黑色。

（3）保持字体为黑体不变，根据参考线划分的区域在名片右侧继续输入如图 4-23 所示的文本，输入设置最上面一行字号为 10 点，其他字号为 6 点。

图 4-22　　　　　　　　　　　　　　　　图 4-23

（4）按"Ctrl+H"组合键隐藏参考线，"按 Ctrl+R"组合键隐藏标尺，完成本例的制作，保存图像文件便可。

4.2 制作笔记本电脑宣传海报

 **实例目标**

本例将设计制作如图 4-24 所示的笔记本电脑宣传海报，通过广告的背景可表现和突出产品效果，为广告添加标题和说明文字等广告信息，使其图文相结合，达到宣传的效果。

素材文件\第 4 章\笔记本电脑宣传海报\笔记本.png、峡谷.jpg

最终效果\第 4 章\笔记本电脑宣传海报.psd

图 4-24

制作思路

本例的制作思路如图 4-25 所示，涉及的知识点有"曲线"命令、外发光图层样式、"样式"面板、横排文字工具等，其中笔记本电脑图片的处理和添加文字是本例的制作重点。

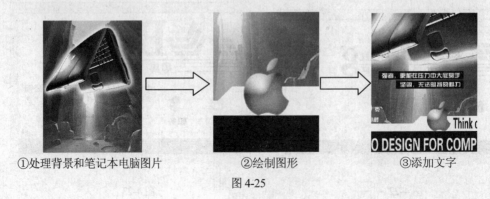

①处理背景和笔记本电脑图片　　②绘制图形　　③添加文字

图 4-25

操作步骤

4.2.1　处理海报背景和笔记本电脑图片

（1）打开"峡谷.jpg"图像和"电脑.png"图像，选择工具箱中的移动工具，将"电脑"图像中的笔记本电脑图像拖动复制到"峡谷"图像中，并将其移动到适当位置。

（2）按"Ctrl+M"组合键打开"曲线"对话框，并将曲线调整成如图 4-26 所示，单击"确定"按钮，效果如图 4-27 所示。

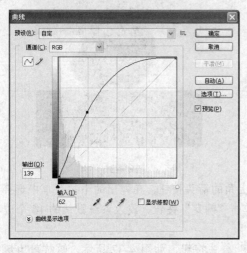

图 4-26

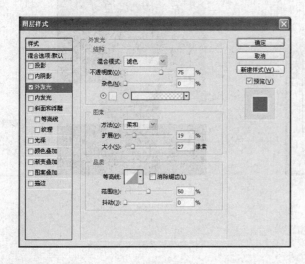

图 4-27

（3）双击笔记本电脑所在的图层并添加"外发光"图层样式，外发光颜色为白色，其他参数设置如图 4-28 所示，单击"确定"按钮应用设置，效果如图 4-29 所示。

图 4-28

图 4-29

（4）新建一个图层，使用矩形选框工具在图像窗口底部绘制一个矩形，并将其填充为黑色，取消选区，使用多边形套索工具沿黑色填充区域绘制一个不规则选区，并使用白色填充选区，效果如图 4-30 所示。

（5）新建一个图层，使用钢笔工具绘制苹果形状路径，并用黑色填充路径，效果如图 4-31 所示。

图 4-30   图 4-31

（6）切换到"样式"面板，单击面板右上角的箭头按钮，在弹出的下拉菜单中选择"玻璃按钮"命令，在打开的提示对话框中直接单击"确定"按钮，载入系统默认的 14 个玻璃按钮样式。

（7）单击"样式"面板中的"蓝色玻璃"样式按钮，如图 4-32 所示，这样就为填充后的苹果图像添加了玻璃样式，效果如图 4-33 所示。

图 4-32   图 4-33

4.2.2 添加海报文字信息

（1）选择工具箱中的横排文字工具 T，并在属性栏中设置字体为方正综艺简体，字号为

35 点，颜色为白色，然后在图像窗口左上角输入"Apple"文本。

（2）继续使用横排文字工具在"Apple"文本下方输入"Introducing iBook"文本，选择所输入的文本并设置字号为 10 点，效果如图 4-34 所示。

（3）保持字体不变，继续在图像窗口中输入文本，输入后分别选择各个文字图层，在横排文字工具属性栏中修改其字体、字号，完成后的效果如图 4-35 所示，其中"1300"文字为 24 点，"8.5"文字为 12 点，右侧苹果处的文字为 14 点，垂直缩放 150%，海报最下方一行文字为 24 点，垂直缩放 150%。

（4）新建一个图层，使用矩形选框工具连续绘制两个矩形，并用黑色填充选区。

（5）设置前景色为白色，使用横排文字工具在图像中输入"强者，更能在压力中大展身手"文本，然后通过对其进行变换，将其移至前面绘制的黑色矩形上面，如图 4-36 所示。

（6）用同样的方法输入"坚固，无法阻挡的魅力"文本并变换到另一个黑色填充条上，至此已完成本例的制作。

图 4-34

图 4-35

图 4-36

提示　使用文字工具输入文字时可以先在属性栏中设置字体、字号、颜色等格式，然后再输入文字，也可以输入后选择相应的文字图层和文字内容进行编辑，利用"字符"调板可以对字符格式进行更为详细的设置，如字符间距等。

4.3　制作化妆品宣传单

实例目标

本例将为一化妆品产品制作促销宣传单，着重体现出产品的宣传文字内容，其最终效果如图 4-37 所示。

图 4-37

素材文件\第 4 章\化妆品宣传单\橙子.jpg、化妆品.jpg、洗脸.jpg

最终效果\第 4 章\化妆品宣传单.psd

制作思路

本例的制作思路如图 4-38 所示，涉及的知识点有椭圆工具、"描边"命令、投影图层样式、图层不透明度、动感模糊滤镜以及文字的输入与编辑等，其中文字的输入与编辑是本例的制作重点。

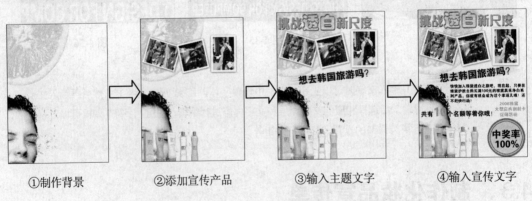

①制作背景　　　　②添加宣传产品　　　　③输入主题文字　　　　④输入宣传文字

图 4-38

操作步骤

4.3.1　处理背景和产品图形

（1）新建"化妆品宣传单"图像，设置图像大小为 6 厘米×8 厘米，分辨率为 300 像素/

英寸，按"Ctrl+R"组合键显示标尺，并分别拖动标尺创建如图 4-39 所示的水平和垂直参考线，便于进行版式划分。

（2）打开"橙子.jpg"图像，选取橙子图像后将其拖动复制到新建图像中生成"图层 1"，移动至图像左上侧，并将"图层 1"的不透明度设置为 20%，效果如图 4-40 所示。

（3）打开"洗脸.jpg"和"化妆品.jpg"图像，选择工具箱中的移动工具，分别将打开的图像拖动复制到新建图像，生成"图层 2"和"图层 3"，然后分别移至左下角并调整好大小，效果如图 4-41 所示。

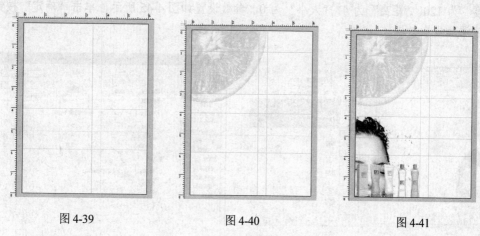

图 4-39　　　　　　　　　　图 4-40　　　　　　　　　　图 4-41

（4）打开"旅游 1.psd"图像，将其拖动复制到新建图像中，生成"图层 4"，选择【图层】/【图层样式】/【投影】命令，为其添加投影图层样式，设置"距离"为 2，"大小"为 13，单击"确定"按钮，效果如图 4-42 所示。

（5）打开"旅游 2.psd"和"旅游 3.psd"图像，并分别将它们拖动复制到新建图像中，生成"图层 5"和"图层 6"，分别为它们设置与"图层 4"相同的投影效果，完成背景与图片素材的处理，效果如图 4-43 所示。

图 4-42　　　　　　　　　　　　　图 4-43

4.3.2 输入主题文字

（1）选择工具箱中的横排文字工具 **T**，在属性栏中设置字体为方正粗倩简体，字号设为 19 点，颜色设为橙色（R:255，G:138，B:0），在宣传单上方单击输入"挑战透白新尺度"文本，然后选中"透白"文字，在属性栏中修改字体为华文彩云，字号为 27 点，效果如图 4-44 所示。

（2）选择【图层】/【图层样式】/【投影】命令，在打开的"图层样式"对话框中设置"角度"为 120，"距离"为 4，"大小"为 0，参数设置如图 4-45 所示，单击"确定"按钮，为文字添加投影效果。

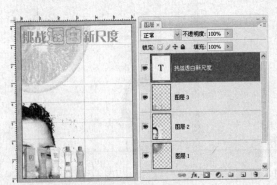
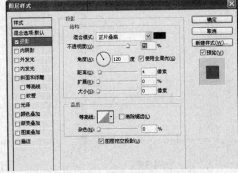

图 4-44　　　　　　　　　　　　　　　　图 4-45

（3）用横排文字工具输入"想去韩国旅游吗？"文本，设置字体为方正大黑简体，字号为 15 点，颜色为橙色（R:255，G:138，B:0），按"Ctrl+J"组合键复制当前文字层，并将文字修改为黑色，效果如图 4-46 所示。

（4）选择前面创建的颜色为橙色的文本图层，单击鼠标右键，在弹出的快捷菜单中选择"栅格化文字"命令，将文字图层转换为普通图层。

（5）选择【滤镜】/【模糊】/【动感模糊】命令，在打开的对话框中设置"角度"为 5，"距离"为 250，单击"确定"按钮，效果如图 4-47 所示。

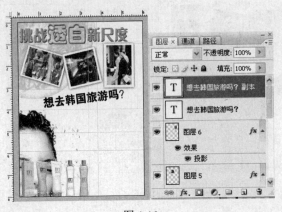

图 4-46　　　　　　　　　　　　　　　　图 4-47

4.3.3 输入和编辑宣传文字

（1）设置字体为方正大黑简体，颜色为黑色，字号为 6 点，在"想去韩国旅游吗？"文字下方分别输入如图 4-48 所示的宣传文字，将左侧宣传文字中的"10"修改为橙色、20 点，将右侧的文字修改为橙色、10 点。

（2）新建"图层 7"，设置前景色为橙色（R:255，G:138，B:0），选择工具箱中的椭圆工具，在属性栏中单击"填充像素"按钮，在右下角参考线处绘制一个橙色椭圆，效果如图 4-49 所示。

图 4-48

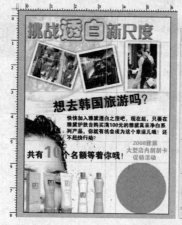 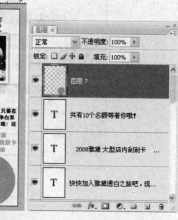

图 4-49

（3）新建"图层 8"，设置背景色为黄色（R:236，G:216，B:119），按住"Ctrl"键不放单击载入"图层 7"中的选区，选择【选择】/【修改】/【收缩】命令，在打开的对话框中设置"收缩量"为 10，单击"确定"按钮，按"Ctrl+Delete"组合键填充背景色，得到如图 4-50 所示图形效果。

（4）新建"图层 9"，将选区再收缩 5，选择【编辑】/【描边】命令，在打开的对话框中设置"宽度"为 5px，选中"内部"单选项，单击"确定"按钮，效果如图 4-51 所示。

图 4-50

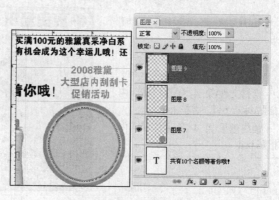

图 4-51

（5）保持字体为方正大黑简体不变，使用横排文字工具在绘制的圆环图形上分别输入"中奖率"和"100%"文本，然后设置字号为 15 点，颜色为黑色，隐藏标尺和参考线，至此，完成本实例的制作，最终效果如图 4-52 所示。

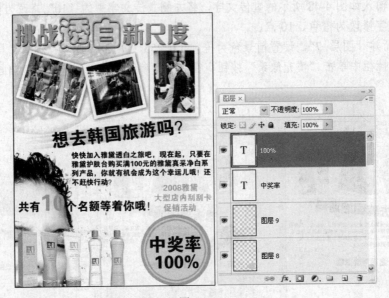

图 4-52

4.4　制作通信城店内招贴

实例目标

本例将设计制作如图 4-53 所示的通信城店内招贴，该招贴主要用于介绍"亲民节"的活动内容，不仅可以作为店内招贴使用，还可以作为宣传单使用。

素材文件\第 4 章\通信城店内招贴\标志.psd、香槟.jpg
　　最终效果\第 4 章\通信城店内招贴.psd

图 4-53

本例的制作思路如图 4-54 所示，涉及的知识点有"纹理化"命令、"描边"命令、圆角矩形工具、渐变工具、横排文字工具、为文字添加图层样式等，其中处理香槟图片和文字的输入与编辑是本例的制作重点。

①制作渐变背景　　　　　②调入并处理香槟图片　　　　　③添加文字

图 4-54

4.4.1　处理招贴背景

（1）新建"通信城店内招贴"图像，设置图像大小为 10 厘米×6 厘米，按"Ctrl+R"组合键显示标尺，并分别拖动标尺创建如图 4-55 所示的水平和垂直参考线。

（2）设置前景色为红色（R:255，G:66，B:0），背景色为黄色（R:254，G:177，B:1），使用渐变工具 从图像左上角向右下角进行对称渐变填充，效果如图 4-56 所示。

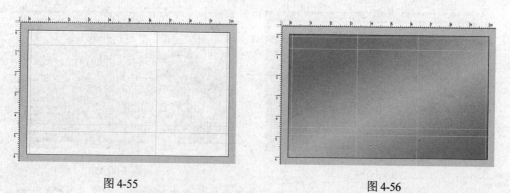

图 4-55　　　　　　　　　　　　　　　　图 4-56

（3）选择【滤镜】/【纹理】/【纹理化】命令，在打开的窗口中的"纹理"下拉列表框中选择"砂岩"选项，设置"缩放"为 100，"凸现"为 5，单击"确定"按钮，为背景添加凹凸纹理效果。

（4）打开"香槟.jpg"图像，选择工具箱中的移动工具 ，将打开的图像拖动复制到新建图像的左侧，生成"图层 1"。

（5）单击"图层"调板下方的"添加图层蒙版"按钮 ，为"图层 1"添加图层蒙版，选择工具箱中的渐变工具 ▣，设置渐变类型为线性渐变，从"图层 1"中图像的右侧向左侧进行拖动实现渐变填充，使图像四周与背景相融合，效果如图 4-57 所示。

（6）将"图层 1"的图层混合模式设置为"强光"，使香槟图像与背景更好地融合在一起，完成背景的处理，效果如图 4-58 所示。

图 4-57   图 4-58

4.4.2   输入和编辑招贴文字

（1）新建"图层 2"，设置前景色为白色，选择工具箱中的圆角矩形工具 ▣，在属性栏中单击"填充像素"按钮，设置半径为 20px，沿参考线绘制如图 4-59 所示的白色圆角填充矩形。

（2）打开"标志.psd"图像，选择工具箱中的移动工具 ▶，将打开的标志图像拖动复制到招贴图像的左上角，生成"图层 3"，调整标志大小和位置，效果如图 4-60 所示。

图 4-59   图 4-60

（3）使用横排文字工具 T，在属性栏中设置字体为华康简综艺，字号为 15 点，颜色为暗红色（R:206，G:0，B:0），在白色矩形左侧单击输入"廉美通讯"文字，单击任意工具退出文字输入状态。

（4）再次选择工具箱中的横排文字工具 T，将字号修改为 12 点，在白色矩形右侧单击输入"买手机到廉美"文本，效果如图 4-61 所示。

（5）设置字体为方正隶二简体，颜色为白色，使用横排文字工具 T 输入"亲"、"民"和"节" 3 个汉字，分别设置字号为 73 点、65 点和 52 点，并移动文字位置，组合成如图 4-62

所示效果。

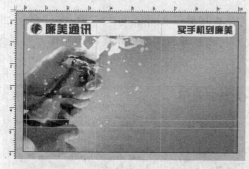
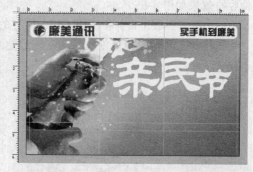

图 4-61　　　　　　　　　　　　　　　　　图 4-62

（6）新建"图层 4"，按"Ctrl+Shift"组合键不放，分别单击前面创建的 3 个文字图层对应的图层缩略图，载入所有文字选区。

（7）选择【编辑】/【描边】命令，在打开的对话框中设置"宽度"为 20px，颜色为暗红色（R:206，G:0，B:0），选中"居外"单选项，单击"确定"按钮。

（8）取消选区，用横排文字工具分别输两行文字，即"廉美-政府'家电下乡工程'指定卖场"和"到廉美买手机 国家给补贴"文本，完成后设置字体为黑体，颜色为绿色（R:18，G:109，B:0），字号为 8 点，按"Ctrl+T"组合键，分别对文字进行旋转变换处理，效果如图 4-63 所示。

（9）分别双击步骤（8）中新创建的文字图层，在打开的"图层样式"对话框中选中"描边"复选框，并设置"大小"为 6，"颜色"为白色，为文字添加白色描边效果。

（10）选择工具箱中的横排文字工具T，在属性栏中设置字体为黑体，字号为 7 点，颜色为暗红色（R:206，G:0，B:0），在招贴顶部的白色矩形条中间位置输入"连锁旗舰 服务中国"文本，效果如图 4-64 所示。

图 4-63　　　　　　　　　　　　　　　　　图 4-64

（11）选择工具箱中的横排文字工具T，将字体设为黑体，颜色为黑色，在招贴左下角单击并拖动鼠标绘制一个段落文本框，然后输入"亲民行动一"的相关宣传文字，完成后对标题字号进行适当增大处理。

（12）选择【图层】/【栅格化】/【文字】命令，将生成的文字图层转换为普通图层，选择【编辑】/【描边】命令，在打开的对话框中设置"宽度"为 20px，颜色为白色，选中

"居外"单选项，单击"确定"按钮，按"Ctrl+T"组合键对描边后的文字进行适当旋转，完成后的效果如图 4-65 所示。

（13）用与步骤（11）和步骤（12）同样的方法在招贴下方再输入并编辑"亲民行动二"和"亲民行动三"的相关宣传文字，完成后隐藏标尺和参考线，完成本实例的制作，效果如图 4-66 所示。

图 4-65

图 4-66

4.5　制作农药产品宣传广告

实例目标

本例将根据提供的产品图片为名为"百菌清"的农药产品制作促宣传广告，最终效果如图 4-67 所示。

素材文件\第 4 章\农药产品宣传广告\农药.tif…
最终效果\第 4 章\农药产品宣传广告.psd

图 4-67

制作思路

本例的制作思路如图 4-68 所示，涉及的知识点有渐变工具、加深与减淡工具、画笔工具、横排文字工具、图层样式等，其中两种文字按钮效果的制作是本例的制作重点。

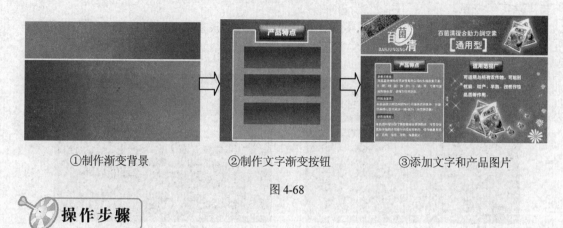

①制作渐变背景 　　　　　②制作文字渐变按钮 　　　　　③添加文字和产品图片

图 4-68

操作步骤

4.5.1 制作渐变背景和文字按钮

（1）新建"农药产品宣传广告"文件，文件大小为 9 厘米×12 厘米，分辨率为 180 像素/英寸。

（2）选择工具箱中的矩形选框工具 ⊡，在窗口下方绘制一个矩形选区，然后新建"图层 1"，双击更名为"渐变背景"。

（3）选择工具箱中的渐变工具 ▭，设置渐变色为"深桔黄色（R:205，G:102，B:30）- 朱红色（R:146，G:42，B:38）"。单击属性栏中的"线性渐变"按钮 ▭，在选区中从右向左水平拖动绘制渐变色，效果如图 4-69 所示。

（4）按"Shift+Ctrl+I"组合键反选选区，在窗口选区内从左向右再次拖动鼠标填充渐变色，效果如图 4-70 所示。

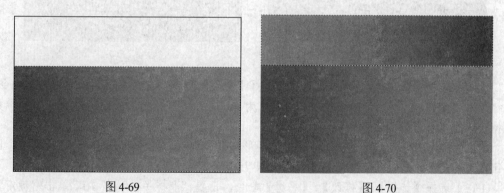

图 4-69 　　　　　　　　　　　　　　　　　图 4-70

（5）按"Ctrl+D"组合键取消选区，设置前景色为白色，选择工具箱中的矩形工具 ▭，单击属性栏中的"填充像素"按钮 ▭，在窗口两种渐变图形交叉处绘制一条白色线条图形，效果如图 4-71 所示。

（6）新建并更改图层名称为"按钮"，选择工具箱中的矩形选框工具 ⊡，绘制按钮矩形选区，选择【选择】/【修改】/【平滑】命令，在打开对话框中设置"取样半径"为 10，单击"确定"按钮。

（7）选择工具箱中的渐变工具■，设置渐变色为"淡粉红（R:233，G:175，B:165）-朱红色（R:146，G:42，B:38）"，在选区中拖动填充渐变色，效果如图 4-72 所示。

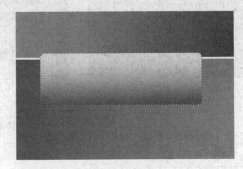

图 4-71   图 4-72

（8）选择工具箱中的加深工具◉，在属性栏中设置"范围"为中间调，"曝光度"为 8%，在按钮选区中涂抹暗部区域，对其进行加深处理，参数设置与效果如图 4-73 所示。

（9）选择工具箱中的减淡工具◉，在属性栏中设置"范围"为中间调，"曝光度"为 12%，在选区中涂抹高光区域，对其进行减淡处理，参数设置与效果如图 4-74 所示。

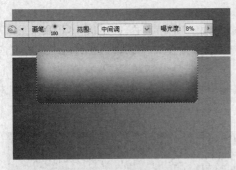
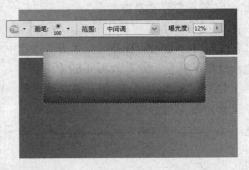

图 4-73   图 4-74

（10）按"Ctrl+D"组合键取消选区，选择【图层】/【图层样式】/【斜面和浮雕】命令，在打开的"图层样式"对话框中设置"深度"为 50，"大小"为 5，"软化"为 16，其他参数保持默认值，单击"确定"按钮。

（11）新建"图层 1"，选择工具箱中的矩形选框工具▣，在按钮图像外边缘绘制一个比按钮稍大的矩形选区，框选按钮图形，如图 4-75 所示。

（12）选择【选择】/【修改】/【平滑】命令，设置"取样半径"为 10，单击"确定"按钮平滑选区。

（13）拖动"图层 1"到"按钮"图层下方，调整图层顺序后选择工具箱中的渐变工具■，设置渐变色为"深朱红色（R:91，G:17，B:16）-红色（R:255，G:0，B:0）"，在选区中绘制渐变色，效果如图 4-76 所示。

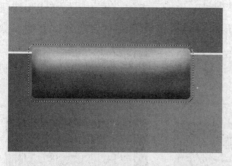 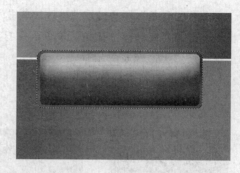

图 4-75　　　　　　　　　　　　　　　　　　　图 4-76

（14）按 "Ctrl+D" 组合键取消选区，按 "Ctrl+E" 组合键向下合并图层，自动生成新的 "按钮" 图层。

（15）选择工具箱中的横排文字工具 T，在按钮图形上单击输入文字 "产品特点"，选择输入的文字后在属性栏中设置字体为文鼎特粗黑简，字体大小为 30 点，文本颜色为白色，效果如图 4-77 所示。

（16）按住 "Ctrl" 键不放再单击 "按钮" 图层，同时选择文字和 "按钮" 图层，拖动选择的图层到 "创建新图层" 按钮 上复制图层，按 "Ctrl+E" 组合键合并图层，再按 "Ctrl+T" 组合键，将按钮移至广告适当位置。

（17）选择 "按钮" 图层，选择工具箱中的横排文字工具 T，在复制的按钮图像上单击并修改文字为 "适用范围广"，按 "Ctrl+E" 组合键合并文字和按钮图层，调整好按钮大小与位置，完成后的效果如图 4-78 所示。

图 4-77　　　　　　　　　　　　　　　　　　　图 4-78

4.5.2　编辑产品介绍文字

（1）新建并更改图层名称为 "特点介绍栏"，选择工具箱中的矩形选框工具，在 "产品特点" 按钮图形下方绘制矩形选区，如图 4-79 所示。

（2）单击属性栏中的 "从选区减去" 按钮，在窗口中绘制矩形选区，框选按钮图形，减去按钮图形上的选区，设置背景色为桔黄色（R:255，G:120，B:0），按 "Ctrl+Delete" 组合键，填充选区内容，效果如图 4-80 所示。

（3）按"Ctrl+D"组合键取消选区，单击"图层"面板下方的"添加图层样式"按钮 *fx.*，在弹出的下拉菜单中选择"描边"命令，在打开的对话框中设置颜色为白色，其他参数保持不变，单击"确定"按钮应用描边效果。

（4）新建并更改图层名称为"小标题"，选择工具箱中的矩形选框工具 ⬚，绘制如图4-81所示的小矩形选区。

  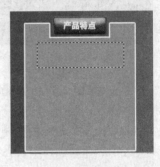

图4-79 图4-80 图4-81

（5）选择工具箱中的渐变工具 ▣，设置前景色为深朱红色（R:140，G:22，B:22），背景色为红色（R:255，G:11，B:0），在选区中拖动绘制渐变色，效果如图4-82所示。

（6）选择工具箱中的移动工具 ▶₊，按住"Shift+Alt"组合键不放，在窗口中向下拖动复制两个"小标题"图像，并生成副本图层。

（7）选择"小标题"图层，选择工具箱中的横排文字工具 T，在属性栏中设置字体为文鼎CS粗圆繁，字体大小为12点，文本颜色为白色，在第一个标题中输入文字"营养元素"，如图4-83所示。

（8）按"Ctrl+E"组合键向下合并图层，并按"Ctrl+T"组合键，调整第一个标题图像到合适大小，然后移动标题图像到产品特点介绍框的左上角，效果如图4-84所示。

图4-82 图4-83 图4-84

（9）选择"小标题 副本"图层，选择工具箱中的横排文字工具 T，在标题图像中单击输入文字"科技含量高"，按"Ctrl+E"组合键向下合并图层，再按"Ctrl+T"组合键，调整第二个标题图像的大小与位置。

（10）选择"小标题 副本2"图层，选择工具箱中的横排文字工具 T，在第三个标题图像中单击输入文字"使用效果好"，按"Ctrl+E"组合键向下合并图层，并按"Ctrl+T"组合键，调整第三个标题图像的大小与位置，完成后的效果如图 4-85 所示。

（11）选择横排工具箱中的横排文字工具 T，在属性栏中设置字体为文鼎 CS 粗圆繁，字体大小为 6 点，文本颜色为白色，在 3 个标题按钮下分别单击输入产品的特点介绍，完成后的效果如图 4-86 所示。

（12）选择工具箱中的横排文字工具 T，在属性栏中设置字体为文鼎 CS 粗圆繁，字体大小为 4 点，文本颜色为白色，在"适用范围"按钮下方输入如图 4-87 所示的文字，完成产品介绍文字的添加。

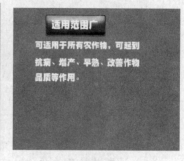

图 4-85　　　　　　　　　　图 4-86　　　　　　　　　　图 4-87

4.5.3　添加产品图片和装饰图形

（1）打开"农药.tif"素材文件，使用磁性套索工具沿图像外轮廓绘制选区，选取后选择工具箱中的移动工具，拖动选区内容到"农药产品宣传广告"文件窗口中，自动生成"图层 1"，按"Ctrl+T"组合键调整图像大小并旋转移动图像到适当位置，效果如图 4-88 所示。

（2）按"Ctrl+J"组合键，复制生成多个副本图层，选择各个副本图层并按"Ctrl+T"组合键进行自由变换，调整各副本图层中产品图像的大小与位置，效果如图 4-89 所示。

图 4-88　　　　　　　　　　　　　　图 4-89

（3）按"Ctrl+E"组合键向下合并图层至"图层 1"，并更改图层名称为"产品"，双击"图层 1"后面的空白处，打开"图层样式"对话框，选中"外发光"复选框，设置"不透明度"为 50，"扩展"为 25，"大小"为 20，颜色为黄色，其他参数保持默认值，参数设置如图 4-90 所示，然后单击"确定"按钮。

（4）新建并更改图层名称为"点缀"，选择工具箱中的画笔工具 ，单击属性栏中的 "画笔预设选取器"右侧的 ⌄ 按钮，在打开的列表框中选择画笔为"杜鹃花串" ❈，如图 4-91 所示。

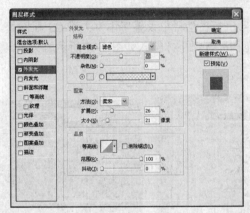

图 4-90

图 4-91

（5）设置前景色为白色，在窗口中绘制不同大小的杜鹃花串图案。

（6）选择工具箱中的画笔工具 🖊，在属性栏中设置画笔样式为交叉排线，在窗口中绘制排线图形，再设置画笔为柔角 10 像素，在排线图形中单击绘制一些光点，效果如图 4-92 所示。

（7）打开"农作物.tif"素材文件，选择工具箱中的移动工具 ➤⊕，拖动文件窗口中的图像到"农药产品宣传广告"文件窗口中，按"Ctrl+T"组合键进行自由变换，旋转移动图像到窗口左上角位置，效果如图 4-93 所示。

图 4-92

图 4-93

（8）打开"商品标志.tif"素材文件，并用同样方法将其移至"农药产品宣传广告"文件窗口中并调整好大小及位置，效果如图 4-94 所示。

（9）选择工具箱中的横排文字工具 T，在属性栏中设置字体为文鼎 CS 粗圆繁，字体大小分别为 8 点和 12 点，文本颜色为白色，在窗口上方输入如图 4-95 所示的文字。

图 4-94   图 4-95

（10）新建"图层 1"，选择工具箱中的矩形选框工具 ，在窗口中框选 "通用型"文字，创建一个矩形选区，如图 4-96 所示。

（11）单击属性栏中的"从选区减去"按钮 ，在前面绘制的矩形选区中间位置向下拖动绘制选区，减去多余选区，然后再次绘制选区，减去多余选区，如图 4-97 所示。

图 4-96   图 4-97

（12）选择【选择】/【修改】/【平滑】命令，在打开的对话框中设置"取样半径"为 2，单击"确定"按钮，此时的选区形状如图 4-98 所示。

（13）按"Ctrl+Alt+D"组合键，打开"羽化选区"对话框，设置"羽化半径"为 1，单击"确定"按钮。

（14）设置背景色为白色，按"Ctrl+Delete"组合键，填充选区内容为白色，取消选区后得到如图 4-99 所示效果。至此，完成本例的制作。

图 4-98   图 4-99

127

4.6 制作摄影图书封面装帧

 **实例目标**

本例将为一本名为"数码摄影与修饰艺术"的摄影类图书进行封面装帧设计,包括封面、封底与书脊的设计,最后制作成立体展示效果,如图 4-100 所示。

素材文件\第 4 章\摄影图书封面装帧\芭蕾舞.jpg···

最终效果\第 4 章\摄影图书封面(平面).psd、摄影图书封面装帧.psd

图 4-100

 **制作思路**

本例的制作思路如图 4-101 所示,涉及的知识点有参考线、"色相/饱和度"命令、"描边"命令、圆角矩形工具、图层样式、移动图像、变换图像、横排文字工具等,其中封面的制作以及立体展示效果的制作是本例的制作重点。

①划分封面、封底与书脊区域　　②完成平面图的制作　　③制作立体展示效果

图 4-101

 **操作步骤**

4.6.1 编辑封面与封底的图形

(1)新建"摄影图书封面(平面)"图像,设置图像大小为 19 厘米×10 厘米,背景色为黑色,按"Ctrl+R"组合键显示标尺,拖动标尺创建如图 4-102 所示的水平和垂直参考线。

(2)打开"芭蕾舞.jpg"图像,选择工具箱中的移动工具，拖动复制打开的图像至新建图像中，生成"图层 1"，效果如图 4-103 所示。

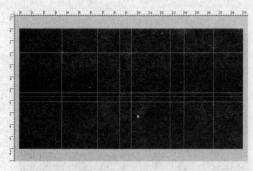

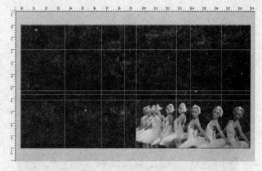

图 4-102　　　　　　　　　　　　　　　　　　图 4-103

（3）选择【图像】/【调整】/【色相/饱和度】命令，在打开的对话框中设置"色相"为 30，单击"确定"按钮，然后将"图层 1"的不透明度为设置为 30%。

（4）打开"思考者.jpg"图像，使用移动工具 拖动打开的图像至新建图像，生成"图层 2"，调整好大小后选择工具箱中的圆角矩形工具 ，在属性栏中单击"路径"按钮，设置半径为 50px，在图像右上角沿参考线绘制如图 4-104 所示的形状路径。

（5）按"Ctrl+Enter"组合键将路径转换为选区，按"Ctrl+Shift+I"组合键反选选区，再按"Delete"键删除选区内的图像。

（6）按"Ctrl+Shift+I"组合键反选选区，新建"图层 3"，选择【编辑】/【描边】命令，在打开的对话框中设置颜色为灰色（R:180，G:179，B:179），"宽度"为 20px，选中"居外"单选项，单击"确定"按钮，效果如图 4-105 所示。

图 4-104　　　　　　　　　　　　　　　　　　图 4-105

（7）新建"图层 4"，设置前景色为白色，沿"思考者"图像右侧的参考线绘制一个矩形选区，并将其填充为白色，效果如图 4-106 所示。

（8）打开"图片组.psd"图像，使用移动工具 拖动打开的图像至新建图像的白色填充块上，生成"图层 5"，调整好其位置和大小，效果如图 4-107 所示。

（9）新建"图层 6"，设置前景色为橙色（R:255，G:69，B:0），沿思考者左侧的参考线绘制矩形选区，并对其填充前景色，如图 4-108 所示，然后取消选区。

（10）新建"图层 7"，设置前景色为蓝色（R:0，G:41，B:175），沿步骤（9）填充的橙色块左侧参考线绘制一个矩形选区，然后选择工具箱中的渐变工具 ，设置渐变样本为

"前景到透明"，渐变类型为线性渐变，从选区右侧向左侧拖动填充渐变，效果如图 4-109 所示。

图 4-106

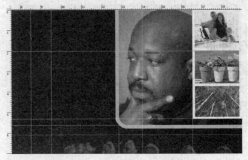

图 4-107

图 4-108

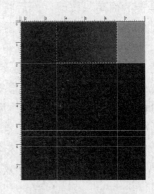

图 4-109

（11）取消选区，将"图层 7"的不透明度设置为 50%，然后打开"花卉.jpg"图像，使用移动工具拖动打开的图像至新建图像中，生成"图层 8"，移动并对齐到左上角参考线位置，如图 4-110 所示。

（12）新建"图层 9"，设置前景色为灰色（R:180，G:179，B:179），选择工具箱中的直线工具，在属性栏中单击"填充"按钮，分别沿中部的两条垂直参考线绘制直线，划分出书脊区域，图 4-111 所示为隐藏参考线后的效果。

图 4-110

图 4-111

（13）打开"条码.psd"图像，使用移动工具 拖动打开的图像至新建图像的左下侧，生成"图层 10"，调整好大小便可完成封面与封底上主要图形元素的添加，效果如图 4-112 所示。

图 4-112

4.6.2　输入和编辑封面与书脊文字

（1）使用横排文字工具 输入"Digtal Art"文本，设置字体为华文琥珀，字号为 25 点，颜色为深蓝色（R:40，G:50，B:83），将输入的文字移至封面红色矩形右上角位置。

（2）继续使用横排文字工具 输入"国际数字艺术"文本，设置字体为方正综艺简体，字号为 20 点，颜色为灰色（R:180；G:179，B:179），将输入的文字移至"Digtal Art"文本的下方，如图 4-113 所示。

（3）在前面输入的文本右侧输入"名人坊"文本，设置字体为文鼎中特广告体，字号为 31 点，颜色为红色（R:213，G:0，B:75），如图 4-114 所示。

图 4-113

图 4-114

（4）将前面创建的"Digtal Art"和"名人坊"等文本图层分别复制两个副本图层，并对副本图层顺时针旋转 90°，再将各个副本适当变换缩小并调整至橙色颜色块的左侧，其效果如图 4-115 所示。

（5）选择步骤（3）中生成的"名人坊"文本图层，选择【图层】/【图层样式】/【描边】命令，在打开的对话框中设置"大小"为 10，颜色为橙色（R:255，G:69，B:0），单击"确定"按钮，效果如图 4-116 所示。

图 4-115　　　　　　　　　　　　　　　　图 4-116

（6）打开"相片.jpg"图像，使用移动工具 ▶ 拖动打开的图像至新建图像中，生成"图层 11"，调整好大小后按"Ctrl+J"组合键生成"图层 11 副本"图层。

（7）选择"图层 11"，选择【滤镜】/【模糊】/【动感模糊】命令，在打开的对话框中设置"角度"为 0，"距离"为 260，单击"确定"按钮，效果如图 4-117 所示。

（8）使用横排文字工具在"相片"图像下方分别输入如图 4-118 所示的 5 行文本，设置字体为黑体，字号为 6 点，颜色为白色。

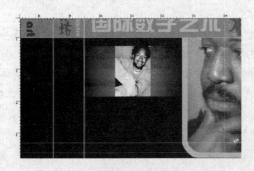

图 4-117　　　　　　　　　　　　　　　　图 4-118

（9）在文字下方继续输入"感受国际大师风采 绽放数字艺术魅力"文本，设置字体为方正综艺简体，字号为 11 点，颜色为红色（R:177，G:17，B:50）。

（10）选择【图层】/【图层样式】/【外发光】命令，在打开的对话框中设置颜色为白色，"扩展"为 26，"大小"为 9，单击"确定"按钮，为文字添加描边效果，参数设置与效果如图 4-119 所示。

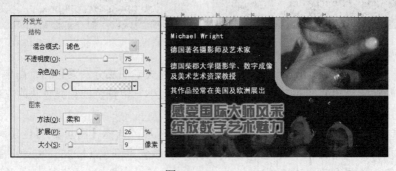

图 4-119

（11）输入"数码摄影与"文本，设置字体为文鼎中特广告体，字号为 25 点，颜色为橙色（R::255，G:69，B:0），如图 4-120 所示。

（12）选择"与"文本，将其字号设置为 20 点，新建"图层 12"，沿"与"字绘制一个圆形选区，选择【编辑】/【描边】命令，在打开的对话框中设置"宽度"为 3px，颜色为橙色（R:255，G:69，B:0），单击"确定"按钮，效果如图 4-121 所示。

图 4-120   图 4-121

（13）在"数码摄影与"文本右下侧输入"修饰艺术"文本，设置字体为方正综艺简体，字号为 25 点，颜色为白色，完成书名的制作，效果如图 4-122 所示。

（14）分别将前面创建书名所在的文字图层复制一个副本图层，并更改文字方向为直排方向，再分别将各个副本适当变换缩小并调整至书脊上的中间位置，效果如图 4-123 所示。

图 4-122   图 4-123

（15）保持字体不变，用横排文字工具在"修饰艺术"文本左侧分别输入"[德] Michael Wrihgt 著"和"多巴达哥 译"文本，然后设置字号为 5 点，颜色为白色，效果如图 4-124 所示。

（16）保持字体不变，用横排文字工具输入"DIGITAL PHOTOGRAPHY"文本，设置字号为 8 点，颜色为红色，再将"DIGITAL"文本颜色改为黄色（R:255，G:198，B:0），效果如图 4-125 所示。

图 4-124　　　　　　　　　　　　图 4-125

（17）在封面的正下方位置输入"长征出版社"文本，设置字体为黑体，字号为 7 点，颜色为白色，效果如图 4-126 所示。

（18）将"长征出版社"文本图层复制一个副本图层，并更改文字方向为直排方向，将更改后的文字移至书脊下方，效果如图 4-127 所示，至此，完成封面和书脊文字元素的添加。

图 4-126　　　　　　　　　　　　图 4-127

4.6.3　输入和编辑封底文字

（1）选择工具箱中的横排文字工具 T，在属性栏中设置字体为方正综艺简体，设置字号为 10 点，在"花卉"图像右侧输入由多个"01"组成的数字代码文本，设置文本图层的不透明度为 29%，再复制 3 个副本图层，向下移动至适当位置，效果如图 4-128 所示。

（2）保持字体和颜色不变，设置字号为 4 点，输入"封面设计　芯焉"文本，效果如图 4-129 所示。

图 4-128　　　　　　　　　　　　图 4-129

（3）设置字体为方正综艺简体，字号为 8.8 点，颜色为红色（R:192，G:22，B:67），在 "01" 组成的数字代码下方输入如图 4-130 所示的段落文本。

（4）保持字体和字号不变，输入如图 4-131 所示的段落文本，将文字颜色设置为白色。

图 4-130　　　　　　　　　　　　　　　　　图 4-131

（5）用横排文字工具T在上面输入的文字下方拖绘出一个段落文本框，设置字体为方正综艺简体，字号为 7 点，颜色为红色（R:192，G:22，B:67），输入如图 4-132 所示的内容文本，其中前面的星号颜色为黄色。

（6）使用横排文字工具T在封底右下角位置输入定价等相关文字，并绘制一条白色直线图形，至此，完成整个图书平面图的制作，隐藏参考线后的效果如图 4-133 所示，将图像存储为 "摄影图书封面（平面）.psd"。

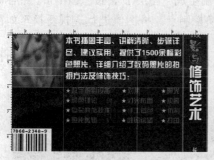

图 4-132　　　　　　　　　　　　　　　　　图 4-133

提示　当需要使用文字工具连续在不同的位置输入文字时需要单击工具箱中的其他任意工具退出当前的文字编辑状态，再用文字工具继续输入，这样才能生成不同的文字图层，否则输入的文字将位于同一个文字图层中。

4.6.4　制作封面装帧立体展示效果

（1）下面通过图书封面平面展开图来制作立体效果。在前面制作的平面图中选择【图层】/【合并可见图层】命令，合并所有可见图层。

（2）新建"摄影图书封面装帧"图像，设置图像大小为25厘米×17厘米，分辨率为300像素/英寸，设置前景为深蓝色（R:26，G:45，B:71），按"Alt+Delete"组合键填充前景色。

（3）选择【滤镜】/【纹理】/【纹理化】命令，在打开的对话框中的"纹理"下拉列表框中选择"粗麻布"，"缩放"设为200，"凸现"设为25，在"光照"下拉列表框中选择"左上"，单击"确定"按钮，对背景制作纹理。

（4）选择【滤镜】/【渲染】/【光照效果】命令，在打开的对话框的灯光预览框中拖动调整光照方向为右上角，并调整好光照范围，设置与效果如图4-134所示。

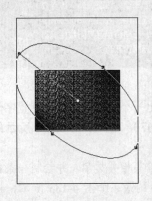

图4-134

（5）切换到图书平面图像中，使用矩形选框工具 沿参考线绘制出封面所在的区域，按"Ctrl+C"组合键复制选区内图像。

（6）切换到新建图像中，按"Ctrl+V"组合键复制生成"图层1"，按"Ctrl+T"组合键显示变换框，按住"Ctrl"键的同时分别拖动各个变换控制点，将图像进行透视变换至如图4-135所示的效果，然后按"Enter"键确认变换。

（7）用同样的操作方法，将图书平面图像中的书脊区域复制到新建图像中，生成"图层2"，并将其透视变换至如图4-136所示的效果。

图4-135   图4-136

（8）新建"图层3"，设置前景色为白色，使用多边形套索工具 沿封面和书脊构成的区域绘制选区作为书白所在的区域，并填充为前景色，效果如图4-137所示。

（9）选择【编辑】/【描边】命令，在打开的"描边"对话框中设置"宽度"为2px，"颜色"为灰色（R:126，G:126，B:126），选中"居中"单选项，单击"确定"按钮，效果如图

4-138 所示。

图 4-137　　　　　　　　　　　　　图 4-138

（10）新建"图层 4"，设置前景色为黑色，选择工具箱中的直线工具 ，在属性栏中设置"粗细"为 1px，沿书白中间位置绘制一条直线，如图 4-139 所示。

（11）用与步骤（5）和步骤（6）相同的操作方法，将图书平面图像中的封底区域复制到新建图像中，生成"图层 5"，并将其透视变换至如图 4-140 所示的效果。

图 4-139　　　　　　　　　　　　　图 4-140

（12）按照与步骤（8）和步骤（9）相同的操作方法，在变换后封底左侧和右侧区域分别制作出书白效果，以表现出另一种书的立体效果，如图 4-141 所示。

（13）在"图层"面板中按住"Ctrl+Shift"组合键不放，分别单击除"背景"图层以外所有图层对应的缩览图，以载入所有图像所在的选区。

（14）选择"背景"图层，新建一个图层，并用前景色填充，取消选区后选择【图层】/【图层样式】/【投影】命令，在打开的对话框中设置"距离"为 13，单击"确定"按钮，为两本图书添加投影效果，效果如图 4-142 所示。至此，完成本例的制作。

图 4-141　　　　　　　　　　　　　图 4-142

提示 本例在制作图书封面装帧过程中可随时运用工具箱中的缩放工具对视图的显示比例大小进行调整，也可用抓手工具移动放大后的视图显示区域，以便于查看图像细节部分的效果。

4.7 课后练习

根据本章所学内容，动手完成以下实例的制作。

练习 1 制作电视机广告

运用变换图像、绘制直线、绘制圆角矩形以及文字的输入与编辑等知识制作如图 4-143 所示的电视机广告。

素材文件\第 4 章\课后练习\电视机广告\风景.jpg、电视机.jpg、人物.jpg

最终效果\第 4 章\课后练习\电视机广告.psd

图 4-143

练习 2 制作旅游图书封面装帧效果

参考第 4.6 节实例的制作，运用绘制参考线、直线工具、矩形选框工具、自定形状工具、等距离变换复制图像、合并图层、高斯模糊滤镜、图层样式以及文字工具的使用等制作如图 4-144 所示的旅游图书封面平面展示图及立体展示装帧效果。

 素材文件\第 4 章\课后练习\旅游图书封面装帧\背景.jpg、风景.jpg、蝴蝶.psd、条码.jpg

最终效果\第 4 章\课后练习\旅游图书封面（平面）.psd、旅游图书封面装帧.psd

图 4-144

练习 3　制作新店开张宣传单

　　运用 "色调分离" 命令、"阈值" 命令、"照亮边缘" 滤镜命令、"纹理化" 滤镜命令、横排文字蒙版工具、图层样式、横排文字工具、"字符" 面板的使用等制作如图 4-145 所示的新店开张宣传单。

素材文件\第 4 章\课后练习\新店开张宣传单\财神.jpg、人物.jpg

最终效果\第 4 章\课后练习\新店开张宣传单.psd

图 4-145

练习 4　制作楼盘招商卡片

运用椭圆工具、圆角矩形工具、画笔工具、设置画笔样式、横排文字工具、编辑形状文字、描边路径等制作如图 4-146 所示的楼盘招商卡片。

最终效果\第 4 章\课后练习\招商卡.psd

图 4-146

练习 5 制作化妆品宣传海报

运用文字工具、钢笔工具、文字样式的设置、椭圆工具、图层的应用等制作如图 4-147 所示的化妆品宣传海报。

图 4-147

素材文件\第 4 章\课后练习\化妆品宣传海报\人物.jpg、产品.jpg

最终效果\第 4 章\课后练习\化妆品宣传海报.psd

练习 6　制作手机宣传单

根据提供的宣传单背景，为其添加相应的文字内容并设置效果，运用圆角矩形工具、"描边"命令、横排文字工具、外发光图层样式等制作如图 4-148 所示的手机宣传单。

素材文件\第 4 章\课后练习\手机宣传单\背景.jpg、企业标识.psd

最终效果\第 4 章\课后练习\手机宣传单.psd

图 4-148

练习 7　制作酒画册内页

运用横排文字工具、直排文字工具、椭圆工具、图层操作等制作两页如图 4-149 所示的酒画册内页。

素材文件\第 4 章\课后练习\酒画册内页\墨印.jpg、花边.jpg、花鸟.jpg、酒杯.tif、爱.tif

最终效果\第 4 章\课后练习\酒画册 1.psd、酒画册 2.psd

图 4-149

练习 8　制作一幅扇面

运用直排文字工具 $\boxed{\text{T}}$、创建变形文字、"字符"面板的使用等制作如图 4-150 所示的扇面效果。

图 4-150

素材文件\第 4 章\课后练习\扇面效果\山水画.jpg

最终效果\第 4 章\课后练习\扇面效果.psd

练习 9　制作房产广告

运用横排文字工具、直线工具、自定义画笔样式、铅笔工具、橡皮擦工具、添加图层样式等制作如图 4-151 所示的房产广告。

素材文件\第 4 章\课后练习\房产广告\标志.psd、剪刀.psd、建筑.jpg

最终效果\第 4 章\课后练习\房产广告.psd

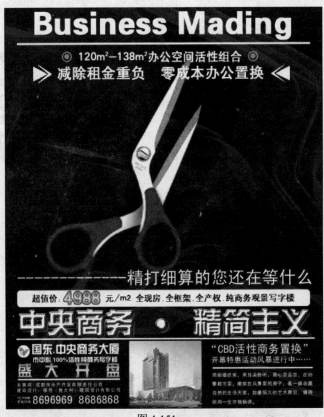

图 4-151

第 5 章

图层的应用

图层是 Photoshop 中的核心功能之一，通过在不同的图层上绘制不同的图像，然后将它们组合到一起构成一幅作品，当需要编辑某部分图像时，只需对该部分图像所在的图层进行编辑，从而避免对其他层的图像产生影响。在前面的实例学习中已涉及了图层的使用，本章将以 6 个实例来进一步巩固图层的应用知识，包括图层样式、图层编组、图层混合模式、图层蒙版等图层相关操作。

本章学习目标：

  📖 制作挂历型汽车广告

  📖 制作婚纱写真效果

  📖 制作手机宣传单

  📖 制作中秋节贺卡

  📖 制作房产宣传单

  📖 制作商场促销广告

5.1 制作挂历型汽车广告

实例目标

本例将绘制挂历图形，然后制作出挂历型汽车广告，最终效果如图 5-1 所示。

素材文件\第 5 章\挂历型汽车广告\跑车.jpg、标志.psd

最终效果\第 5 章\挂历型汽车广告.psd

图 5-1

制作思路

本例的制作思路如图 5-2 所示，涉及的知识点有铅笔工具、横排文字工具、复制变换图像、变换选区、"色相/饱和度"命令、渐变叠加图层样式、投影图层样式、描边图层样式以及图层的新建与复制等，其中复制图层并变换图像以及图层样式的添加是本例的制作重点。

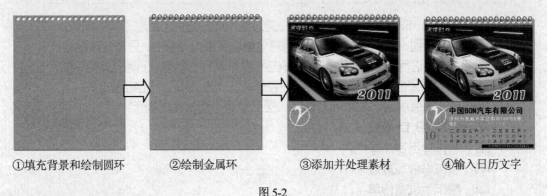

①填充背景和绘制圆环　　②绘制金属环　　③添加并处理素材　　④输入日历文字

图 5-2

操作步骤

5.1.1　绘制挂历图形

（1）新建"挂历型汽车广告"图像，设置图像大小为 7 厘米 × 8 厘米，按"Ctrl+R"组合键显示标尺，并分别拖动标尺创建如图 5-3 所示的水平和垂直参考线。

（2）在"图层"面板中单击"创建新图层"按钮 新建"图层 1"，设置前景色为橙色（R:255，G:165，B:31），使用矩形选框工具 沿最外面的参考线绘制选区并填充前景色，效果如图 5-4 所示。

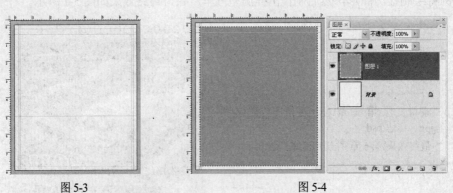

图 5-3　　　　　　　　　　　　　　图 5-4

（3）取消选区后新建"图层 2"，设置前景色为黑色，选择工具箱中的铅笔工具 ，设置主直径为 25px，在图像左上角单击绘制一个黑色圆点。

（4）按"Ctrl+J"组合键，复制生成"图层 2 副本"图层，按"Ctrl+T"组合键进入变换状态，连续按 4 次"Shift+→"组合键移动图像，效果如图 5-5 所示，然后按"Enter"键退出变换。

（5）连续按 17 "次 Ctrl+Shift+Alt+T" 组合键，复制得到如图 5-6 所示的效果，并生成 "图层 2 副本 2" 至 "图层 2 副本 18" 图层。

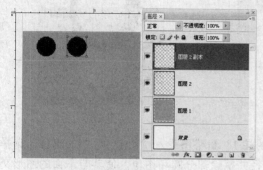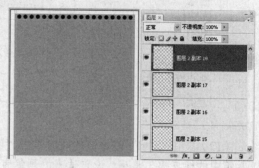

图 5-5　　　　　　　　　　　　　　　　　　图 5-6

（6）在 "图层" 面板中按住 "Shift" 键不放的同时选择 "图层 2" 及其 18 个副本图层，按 "Ctrl+E" 组合键合并成一个图层，效果如图 5-7 所示。

（7）按住 "Ctrl" 键的同时单击合并后图层对应的图层缩略图，以载入图像选区，然后隐藏当前图层，再选择 "图层 1"，按 "Delete" 键删除选区内的图像，效果如图 5-8 所示，按 "Ctrl+D" 组合键取消选区。

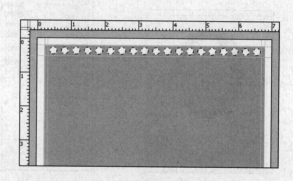

图 5-7　　　　　　　　　　　　　　　　　　图 5-8

（8）删除隐藏的图层，选择 "图层 1"，选择【滤镜】/【纹理】/【纹理化】命令，在打开的对话框中设置纹理为砂岩，"缩放" 为 50，"凸现" 为 2，单击 "确定" 按钮，为挂历页面制作出凹凸暗纹效果。

（9）选择【图层】/【图层样式】/【投影】命令，在打开的对话框中设置 "不透明度" 为 55，"角度" 为 120，"距离" 为 6，"大小" 为 0，单击 "确定" 按钮。

（10）新建 "图层 2"，使用椭圆选框工具在图像左上侧的第一个圆孔上方绘制椭圆选区，按 "Alt+Delete" 组合键填充前景色，效果如图 5-9 所示。

（11）选择【选择】/【变换选区】命令，通过拖动变换框将选区适当缩小，按 "Enter" 键确认变换后按 "Delete" 键删除选区内的图像，使其形成圆环，效果如图 5-10 所示。

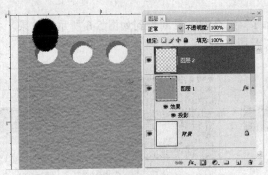

图 5-9 图 5-10

（12）按住"Ctrl"键不放的同时单击"图层 1"缩略图载入"图层 1"中的选区，选择工具箱中的橡皮擦工具 ，设置适当的画笔直径并擦除部分圆环图像，使其与下面的图形交叉，效果如图 5-11 所示。

（13）保持选择"图层 2"图层，选择【图层】/【图层样式】/【渐变叠加】命令，打开"图层样式"对话框，在"渐变"下拉列表框中选择填充的"铜色"渐变样本，然后设置"角度"为-23，"缩放"为 150，如图 5-12 所示。

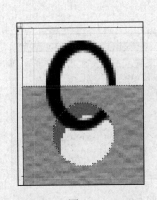
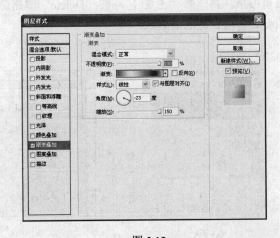

图 5-11 图 5-12

（14）在"图层样式"对话框左侧的"样式"栏中选中"斜面和浮雕"复选框，在右侧设置"深度"为 1000，"大小"为 3，再在左侧"样式"栏中选中"投影"复选框，设置"距离"为 2，"大小"为 3，如图 5-13 所示。单击"确定"按钮，此时圆环将变为带有金属质感的效果，效果如图 5-14 所示。

（15）按"Ctrl+J"组合键，复制生成"图层 2 副本"图层，按"Ctrl+T"组合键进入变换状态，连续按 4 次"Shift+→"组合键移动图像，效果如图 5-15 所示，然后按"Enter"键确认变换。

（16）连续按 17 次"Ctrl+Alt+Shift+T"组合键，复制得到如图 5-16 所示的效果，并生成"图层 2 副本 2"至"图层 2 副本 18"图层。至此，完成挂历部分图形的绘制。

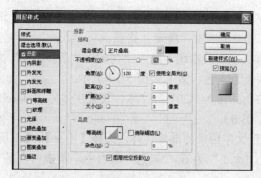

图 5-13

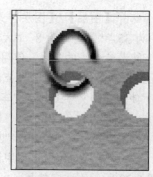

图 5-14

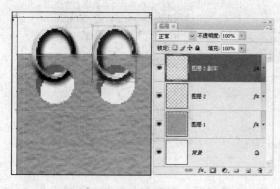

图 5-15

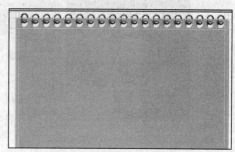

图 5-16

5.1.2　调入汽车图形并添加文字

（1）打开"跑车.jpg"图像，使用移动工具 将打开的图像拖动复制到"挂历型汽车广告"文件窗口中，生成"图层 3"，将其移至挂历图像上方的位置，效果如图 5-17 所示。

（2）选择【图像】/【调整】/【色相/饱和度】命令，在打开的对话框中设置"色相"为 -50，"饱和度"为 30，单击"确定"按钮，使跑车与挂历背景的色调相一致。

（3）在汽车图像上沿参考线绘制如图 5-18 所示的矩形选区，反选选区后按"Delete"键删除多余的跑车图像。

图 5-17

图 5-18

（4）选择【图层】/【图层样式】/【投影】命令，打开"图层样式"对话框，设置"不透明度"为35，"距离"为8，"大小"为0，单击"确定"按钮。

（5）隐藏参考线的显示，使用横排文字工具在跑车的左上角输入"演绎时尚"文本，字体为方正细珊瑚简体，字号为9点，颜色为白色，效果如图5-19所示。

（6）使用横排文字工具在跑车的右下角输入"2011"文本，设置字体为BinnerDEE，字号为20点，颜色为红色（R:255，G:0，B:0）。

（7）保持步骤（6）生成的"2011"文字图层的选择状态，选择【图层】/【图层样式】/【描边】命令，在打开的对话框中设置"大小"为6，"颜色"为白色，单击"确定"按钮，得到如图5-20所示的文字效果。

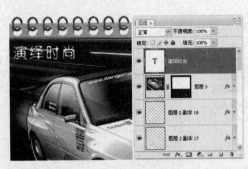

图5-19 　　　　　　　　　　　　　　　　　　图5-20

（8）打开"标志.psd"图像，使用移动工具 将打开的图像拖动复制到新建图像中，生成"图层4"，调整到如图5-21所示的位置。

（9）用横排文字工具在标志右侧输入如图5-22所示的文本，设置字体为黑体，公司名称文字字号为13点，颜色分别为黑色，公司地址相关文字的字号为7点，颜色为白色。

（10）用横排文字工具在挂历下方拖绘出一个段落文本框，输入如图5-23所示的星期几和日期文本，中间可用空格隔开，完成后将其中的特殊日期设为红色。

图5-21 　　　　　　　　图5-22 　　　　　　　　图5-23

（11）用横排文字工具在挂历右下侧底部输入"YANYISHISHANG"文本，设置字体为方正姚体，字号为8.5点，颜色为白色。

（12）新建"图层 6"，用矩形选框工具沿"YANYISHISHANG"文字绘制一个矩形选区，并填充为黑色，效果如图 5-24 所示。

（13）取消选区并隐藏标尺。至此，完成本例的制作，效果如图 5-25 所示。

图 5-24

图 5-25

5.2　制作婚纱写真效果

　**实例目标**

本例是将提供的几幅婚纱素材合成一幅清晰、淡雅的婚纱写真效果，最终效果如图 5-26 所示。

素材文件\第 5 章\婚纱写真效果\
婚纱素材 1.tif、婚纱素材 2.tif、婚纱素材 3.tif

最终效果\第 5 章\婚纱写真效果.psd

图 5-26

　**制作思路**

本例的制作思路如图 5-27 所示，涉及的知识点有矩形选框工具、画笔工具、自定形状工具、"高反差保留"命令、文字工具以及图层不透明度、图层蒙版等，其中图案的绘制以及照片的处理是本例的制作重点。

①制作背景　　　　②添加照片并绘制图案　　　　③输入文字

图 5-27

操作步骤

5.2.1　制作填充背景

（1）新建"婚纱写真效果"文件，设置其宽度为 10 厘米，高度为 7.5 厘米，分辨率为 180 像素/英寸，颜色模式为 RGB 颜色。

（2）设置前景色为浅蓝色（R:239，G:249，B:255），按"Alt+Delete"组合键将背景图层填充为前景色。

（3）新建"图层 1"，选择工具箱中的矩形选框工具，在窗口中绘制矩形选区，设置背景色为灰色（R:138，G:140，B:140），按"Ctrl+Delete"组合键将选区填充为背景色。

（4）取消选区后按"Ctrl+T"组合键，打开自由变换调节框，调整图像的位置和角度，按"Enter"键确认变换，效果如图 5-28 所示。

（5）单击"图层"面板下方的"添加图层蒙版"按钮，为"图层 1"添加图层蒙版。

（6）选择工具箱中的画笔工具，设置画笔为柔角 100 像素，选择"图层 1"，在矩形右下方进行涂抹，然后设置"图层 1"的不透明度为 15%，背景效果如图 5-29 所示。

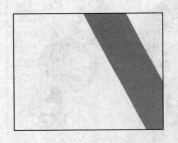

图 5-28

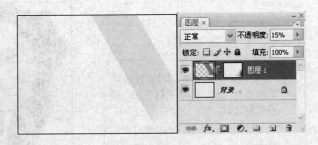

图 5-29

5.2.2　调入与编辑照片

（1）打开"婚纱素材 1.tif"素材文件，选择工具箱中的快速选择工具，在窗口中单击人物图像，载入人物选区。

（2）用移动工具拖动选区内容到"婚纱写真效果"文件窗口中，生成"图层 2"，按"Ctrl+T"组合键，打开自由变换调节框，调整图像的大小、位置和角度，按"Enter"键确认变换。

（3）单击"图层"面板下方的"添加图层蒙版"按钮，选择工具箱中的画笔工具，设置画笔为柔角 100 像素，"不透明度"为 55%，在人物婚纱照下方进行涂抹，效果如图 5-30 所示。

（4）拖动"图层 2"到"图层"面板下方的"创建新图层"按钮上，复制生成"图层 2 副本"。

（5）选择【滤镜】/【其他】/【高反差保留】命令，在打开的对话框中设置"半径"为 1，单击"确定"按钮，设置"图层 2 副本"的图层混合模式为叠加，效果如图 5-31 所示。

图 5-30　　　　　　　　　　　　　　　　　　图 5-31

（6）打开"婚纱素材 2.tif"素材文件，拖动图片到"婚纱写真效果"文件窗口中，生成"图层 3"，按"Ctrl+T"组合键，打开自由变换调节框，调整图像的大小、位置和角度，按"Enter"键确认变换，效果如图 5-32 所示。

（7）打开"婚纱素材 3.tif"素材文件，拖动图片到"婚纱写真效果"文件窗口中，生成"图层 4"，按"Ctrl+T"组合键，打开自由变换调节框，调整图像的大小、位置和角度，按"Enter"键确认变换，效果如图 5-33 所示。

（8）拖动"图层 3"到"图层"面板下方的"创建新图层"按钮上，复制生成"图层 3 副本"图层，按"Ctrl+T"组合键，打开自由变换调节框，调整图像的大小、位置和角度，按"Enter"键确认变换，效果如图 5-34 所示。

图 5-32　　　　　　　　　　图 5-33　　　　　　　　　　图 5-34

5.2.3　绘制图案并添加文字

（1）新建"图层 5"，选择工具箱中的自定形状工具，在属性栏上单击"填充像素"

按钮□，设置形状为"雪花2" ❋，按住"Shift"键的同时，在窗口中随意拖动鼠标绘制雪花图案，完成后设置"图层5"的不透明度为80%，效果如图5-35所示。

（2）新建"图层6"，选择工具箱中的自定形状工具□，按住"Shift"键的同时，在窗口中随意拖动鼠标继续绘制雪花图案，完成后设置"图层6"的不透明度为45%，效果如图5-36所示。

图 5-35

图 5-36

（3）新建"图层7"，选择工具箱中的自定形状工具□，按住"Shift"键的同时，在窗口中随意拖动鼠标再绘制一些雪花图案，完成后设置"图层7"的不透明度为14%。

（4）选择工具箱中的横排文字工具 T.，在窗口中分别用不同的图层输入"透过你眼眸 看到深醉的梦"文字，每一个字都位于不同的图层中，然后分别选择相应的文字图层修改其字体和大小（根据喜好自定义字体和字号），效果如图5-37所示。

（5）选择工具箱中的横排文字工具 T.，在属性栏中设置字体为黑体，大小为12点，颜色为浅灰色，在窗口中单击输入英文，完成后按"Ctrl+T"组合键，将文字进行旋转，并放置到如图5-38所示的位置。至此，完成本例的制作。

图 5-37

图 5-38

5.3 制作手机宣传单

 实例目标

本例将为一款手机制作宣传单，着重介绍该手机型号的功能与特点，最终效果如图5-39

所示。

素材文件\第 5 章\手机宣传单\手机.jpg、卡通.jpg

最终效果\第 5 章\手机宣传单.psd

图 5-39

制作思路

本例的制作思路如图 5-40 所示，涉及的知识点有渐变工具、铅笔工具、钢笔工具、椭圆工具、"描边"命令以及外发光、投影、描边图层样式的使用等，其中图案的绘制以及图层样式的使用是本例的制作重点。

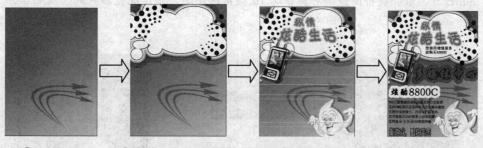

①绘制背景　　②绘制云形和圆点图案　③添加产品和主题文字等　　④添加文字

图 5-40

操作步骤

5.3.1　制作宣传单背景

（1）新建"手机宣传单"文件，设置图像大小为 6 厘米×8 厘米，按"Ctrl+R"组合键显示标尺，分别拖动标尺创建如图 5-41 所示的水平和垂直参考线，便于进行版式划分。

（2）设置前景色为蓝色（R:0，G:121，B:170），背景色为淡蓝色（R:132，G:204，B:231），使用渐变工具▣从图像左上角向右下角进行拖动填充渐变。

（3）新建"图层 1"，使用钢笔工具绘制一个箭头路径，按"Ctrl+Enter"组合键将路径转换为选区，按"Alt+Delete"组合键填充前景色，效果如图 5-42 所示。

（4）取消选区后按两次"Ctrl+J"组合键，为"图层 1"复制两个副本图层，分别对复制后的图像适当缩小变换，并将其分别向右下侧移动至如图 5-43 所示的位置。

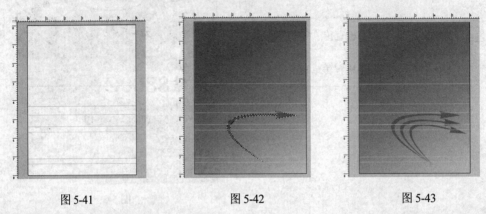

图 5-41   图 5-42   图 5-43

（5）打开"卡通.jpg"图像，选取其中的卡通图像后选择工具箱中的移动工具►┿，将选取的图像拖动复制到新建图像中，生成"图层 2"，将其移至宣传单右下角位置，效果如图 5-44 所示。

（6）按住"Ctrl"键不放的同时单击"图层 2"，载入"图层 2"中的卡通选区，选择"图层 1 副本 2"图层，新建"图层 3"，按"Alt+Delete"组合键填充前景色，取消选区后按"Shift+→"组合键将图像向右侧移动 10 像素的距离，制作成投影效果，效果如图 5-45 所示。

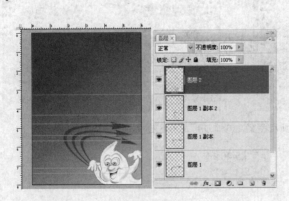 

图 5-44   图 5-45

5.3.2 绘制云形和装饰图案

（1）选择"图层 2"，新建"图层 4"，设置前景色为白色，选择工具箱中的椭圆工具◉，

在属性栏中单击 "填充像素" 按钮，在图像顶部拖动绘制如图 5-46 所示的椭圆图形。

（2）继续在 "图层 4" 中拖动绘制不同大小的椭圆图形，得到如图 5-47 所示的云形效果。

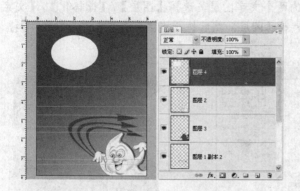

图 5-46　　　　　　　　　　　　　　　图 5-47

（3）设置前景色为紫色（R:124，G:0，B:151），选择【编辑】/【描边】命令，在打开的对话框中设置 "宽度" 为 5px，选中 "居外" 单选项，单击 "确定" 按钮，对云形进行描边。

（4）按照步骤（3）的操作方法，分别设置前景色为白色和淡紫色（R:198，G:189，B:236），然后执行 "描边" 命令，在打开的对话框中直接单击 "确定" 按钮进行描边。

（5）选择【图层】/【图层样式】/【描边】命令，在打开的对话框中设置 "大小" 为 8 像素，"颜色" 为天蓝色（R:0，G:210，B:255），设置参数如图 5-48 所示，单击 "确定" 按钮，为云形图像继续添加描边，效果如图 5-49 所示。

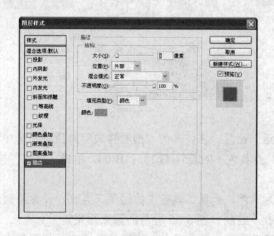

图 5-48　　　　　　　　　　　　　　　图 5-49

（6）设置前景色为蓝色（R:0，G:121，B:170），选择【图层】/【图层样式】/【外发光】命令，在打开的 "图层样式" 对话框中设置 "混合模式" 为正片叠底，渐变样本为 "透明条纹"，"扩展" 为 35，"大小" 为 55，设置参数如图 5-50 所示，单击 "确定" 按钮，效果如图 5-51 所示。

（7）使用横排文字工具 分别在云形图形上输入 "纵情" 和 "炫酷生活" 文本，设置字体为方正卡通简体，字号分别为 20 点和 30 点，颜色为橙色（R:186，G:66，B:0），效果如图 5-52 所示。

（8）分别选择步骤（7）生成的两个文字图层，选择【图层】/【栅格化】/【文字】命令，将创建的两个文字图层栅格化为普通图层，然后将栅格化后的文本进行斜切变换，效果如图 5-53 所示。

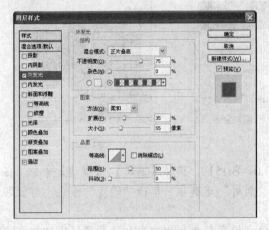

图 5-50

图 5-51

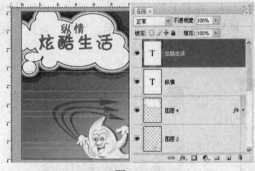

图 5-52

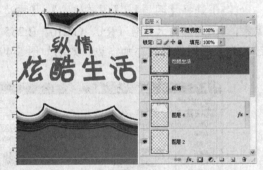

图 5-53

（9）分别双击"纵情"和"炫酷生活"图层，在打开的"图层样式"对话框中选中"描边"复选框，设置"大小"为 8，"颜色"为黄色（R:225，G:185，B:0），单击"确定"按钮，描边效果如图 5-54 所示。

（10）新建"图层 5"，设置前景色为黑色，选择工具箱中的铅笔工具，设置不同大小的画笔直径，然后在云形图像左上侧单击，绘制如图 5-55 所示的圆点图案。

（11）新建"图层 6"，继续选择铅笔工具使用不同大小的画笔直径在云形图像右上侧单击，绘制如图 5-56 所示的圆点图案。至此，完成宣传单中主要装饰图形的绘制。

提示 在应用了图层样式的图层上单击鼠标右键，在弹出的快捷菜单中选择"拷贝图层样式"命令，在其他图层上单击鼠标右键，在弹出的快捷菜单中选择"粘贴图层样式"命令可以复制并应用相同的图层样式，避免重复设置参数。

图 5-54　　　　　　　　　　图 5-55　　　　　　　　　　图 5-56

5.3.3　调入产品并添加介绍文字

（1）打开"手机.jpg"图像，选取其中的手机图像，将其拖动复制到宣传单图像中，生成"图层 7"，选择【图层】/【图层样式】/【投影】命令，在打开的对话框中直接单击"确定"按钮，为手机图像添加投影效果，效果如图 5-57 所示。

（2）使用横排文字工具输入"多媒体中心"文本，设置字体为方正行楷简体，字号为 24 点，颜色为红色（R:255，G:0，B:0）。

（3）选择【图层】/【图层样式】/【外发光】命令，在打开的对话框中设置"混合模式"为正常，渐变样本为"透明条纹"，"扩展"为 16，"大小"为 35，单击"确定"按钮，得到如图 5-58 所示的文字效果。

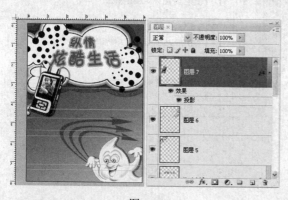

图 5-57　　　　　　　　　　　　　　　图 5-58

（4）保持横排文字工具的字体不变，输入"炫酷 8800C"文本，设置字号为 17 点，颜色为黑色，效果如图 5-59 所示。

（5）选择【图层】/【图层样式】/【描边】命令，在打开的对话框中设置"大小"为21，"颜色"为白色，单击"确定"按钮，为文字添加描边效果，效果如图 5-60 所示。

（6）用横排文字工具输入"集游戏，酷炫美图"文本，设置字体为幼圆，字号为 15.5 点，颜色为黄色（R:255，G:210，B:0），然后为输入文本添加描边图层样式，设置"大小"

为3，颜色为黑色，效果如图5-61所示。

图 5-59

图 5-60

图 5-61

（7）隐藏标尺和参考线，选择工具箱中的横排文字工具，设置字体为幼圆，字号为 6点，颜色为黑色，在宣传单中分别输入如图5-62所示的宣传文本。至此，完成本例的制作。

图 5-62

5.4　制作中秋节贺卡

 **实例目标**

本例将制作一个中秋节的节日贺卡，主要练习有关图层的高级应用操作。贺卡的最终效果如图5-63所示。

图 5-63

素材文件\第 5 章\中秋节贺卡\铃铛.jpg…
最终效果\第 5 章\中秋节贺卡.psd

制作思路

本例的制作思路如图 5-64 所示，涉及的知识点有设置图层混合模式、矩形选框工具、投影图层样式、建立图层组、竖排文字工具、"样式"面板的使用等，其中纹理的添加和使用"样式"面板添加图层样式是本例的制作重点。

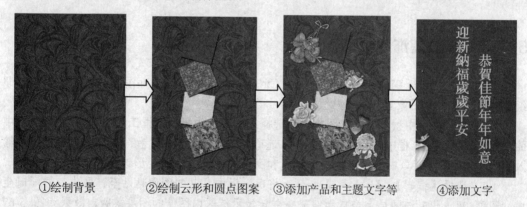

①绘制背景　　②绘制云形和圆点图案　③添加产品和主题文字等　④添加文字

图 5-64

5.4.1　制作贺卡纹理背景

（1）新建一个"中秋节贺卡"图像文档，图像大小为 16 厘米 × 20 厘米，分辨率为 300 像素/英寸。设置前景色为红色（R:140，G:3，B:5），并按"Alt+Delete"组合键用前景色填充背景图层。

（2）打开"布纹.jpg"图像，按住"Shift"键的同时使用移动工具将其拖动复制到新建图像窗口中，生成"图层1"。

（3）选择【滤镜】/【风格化】/【照亮边缘】命令，在打开的对话框中将"边缘宽度"设为2，"边缘亮度"设为10，"平滑度"设为6，单击"确定"按钮，效果如图5-65所示。

（4）在"图层"控制面板中将"图层1"的混合模式设置为"颜色减淡"，将"不透明度"设置为50%，完成贺卡纹理背景的处理，效果如图5-66所示。

图5-65   图5-66

5.4.2　添加装饰纹理和图像

（1）打开"墙纸01.jpg"图像，先按"Ctrl+A"组合键选择全部图像，然后按"Ctrl+C"组合键将选区内的图像复制到剪贴板中。

（2）切换到"中秋节贺卡"图像中，选择工具箱中的矩形选框工具▣，并在属性栏中的"样式"下拉列表框中选择"固定大小"选项，然后在"宽度"和"高度"数值框中都输入550px，在图像窗口中单击创建一个宽度和高度都为550px的矩形选区。

（3）选择【编辑】/【粘贴入】命令，将剪贴板中复制的图像粘贴至选区内，并同时生成"图层2"，此时该图层上会自动创建一个只显示选区内图像的图层蒙版，效果如图5-67所示。

（4）选择【图层】/【图层样式】/【投影】命令，在打开的对话框中设置参数如图5-68所示，然后单击"确定"按钮。

（5）在"图层"面板中单击"图层2"中图像和蒙版缩略图之间的空隙处，将图像和图层蒙版链接起来，按"Ctrl+T"组合键进入图像变换状态，将鼠标指针放置到变换框边缘并拖动，将图像进行旋转，效果如图5-69所示，然后按"Enter"键确认变换。

（6）按照步骤（1）至步骤（5）的操作方法，分别通过矩形选框工具绘制3个大小相同的矩形，将"墙纸02.jpg"、"墙纸03.jpg"和"墙纸04.jpg"图像复制到选区内，并添加相同的投影，然后分别将生成的图层变换旋转并调整到如图 5-70 所示的位置。

图 5-67

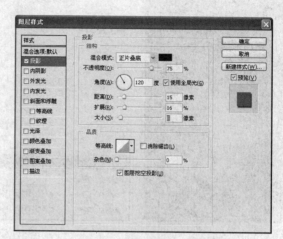

图 5-68

图 5-69

图 5-70

（7）分别打开"棕子.jpg"、"玫瑰.jpg"、"铃铛.jpg"和"女孩.jpg"图像，选取图像后将图像复制到"中秋节贺卡"图像窗口中，然后分别选择相应的图层，将图像进行自由变换，分别调整到如图 5-71 所示的效果。

（8）在"图层"面板中选择除"图层 1"和"背景"图层外的所有图层，选择【图层】/【新建】/【从图层建立组】命令，在打开的"从图层新建组"对话框中的"名称"文本框中输入"调用图像"，参数设置如图 5-72 所示，单击"确定"按钮，将选择的图层全部放置到新建的图层组内，效果如图 5-73 所示。

 提示 创建图层组后选择图层组，可以对该组中所有图层中的图像进行移动等编辑操作，也可以选择图层组下的单个图层进行编辑。在图层组上单击鼠标右键，在弹出的快捷菜单中选择"取消图层编组"命令，可以取消编组，恢复到创建组前的状态。

图 5-71　　　　　　　　　　　图 5-72　　　　　　　　　　　图 5-73

5.4.3　添加贺卡文字

（1）下面创建一个文本图层组用来管理将要创建的文本图层，按住"Alt"键的同时单击"图层"面板底部的"创建新组"按钮，然后在打开的"新建组"对话框中将名称设置为"文本"，单击"确定"按钮创建组。

（2）分别通过横排文字工具在图像中输入"中"、"秋"、"快"和"乐"文本，此时生成的文字图层将自动位于"文本"组下，效果如图 5-74 所示。

（3）将"中"、"秋"、"快"和"乐"字体设为方正综艺简体，字号为 90 点，颜色为白色，然后分别将输入的文本移动到如图 5-75 所示的位置。

（4）选择"中"图层，单击"样式"面板右上角的按钮，在弹出的菜单中选择"Web样式"命令，载入该命令所指向的样式，然后单击"红色回环"样式按钮，为当前图层添加该按钮上的样式，效果如图 5-76 所示。

图 5-74　　　　　　　　　　　图 5-75　　　　　　　　　　　图 5-76

（5）分别选择"秋"、"快"和"乐"文本所在图层，并通过"样式"控制面板为它们分别添加"绿色回环"、"黄色回环"和"蓝色回环"样式，效果分别如图 5-77、图 5-78 和图 5-79 所示。

图 5-77　　　　　　　　　　　图 5-78　　　　　　　　　　图 5-79

（6）选择工具箱中的直排文字工具，并在属性栏中设置字体为方正书宋繁体，字号为15 点，颜色为金黄色，然后在图像右上角输入如图 5-80 所示的文本。

（7）保持选择直排文字工具，并在属性栏中设置字体为华文行楷，字号为 20 点，颜色为黄色，然后在图像左下角输入如图 5-81 所示的文本。至此，完成本例的制作。

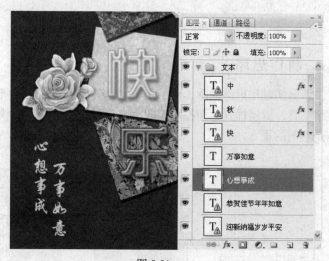

图 5-80　　　　　　　　　　　　　　　　图 5-81

提示　通过"样式"控制面板可以载入 Photoshop 中内置的许多样式按钮，通过这些样式按钮可以快速为选择的图层添加样式，每种样式相当于添加多种图层样式的集合。

5.5 制作房产宣传单

实例目标

本例将运用图层的相关知识制作一个房产宣传单效果，该宣传单设计上具有活力四射和时尚的特点，并结合文字介绍、路标绘制等起到宣传的作用，最终效果如图 5-82 所示。

素材文件\第 5 章\房产宣传单\建筑.tif…
最终效果\第 5 章\房产宣传单.psd

图 5-82

制作思路

本例的制作思路如图 5-83 所示，涉及的知识点有自定形状工具、画笔工具、渐变工具、文字工具、图层样式、调整图层顺序、复制图层等，其形状图案的绘制和主题文字特效的制作是本例的重点。

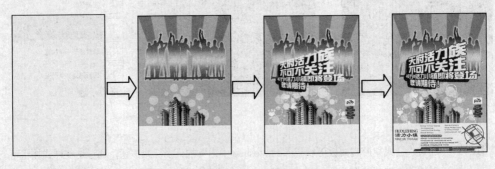

①填充背景颜色　　②绘制图案和添加图像　　③制作主题透视文字　　④添加其他文字和路线图

图 5-83

操作步骤

5.5.1　制作宣传单填充背景

（1）新建"房产广告"文件，设置其宽度为 8 厘米，高度为 11.5 厘米，分辨率为 200 像素/英寸，颜色模式为 RGB 颜色。设置前景色为黄绿色（R:243，G:255，B:195），按"Alt+Delete"组合键将"背景"图层填充为前景色。

（2）新建"图层 1"，选择工具箱中的矩形选框工具，在窗口上方部分绘制一个矩形选区，然后设置前景色为绿色（R:183，G:228，B:1），按"Alt+Delete"组合键将"图层 1"填充为前景色，取消选区后的效果如图 5-84 所示。

（3）新建"图层 2"，选择工具箱中的矩形选框工具，在窗口中绘制一个长方形矩形选区，然后设置前景色为深绿色（R:136，G:169，B:0），按"Alt+Delete"组合键将选区填充为前景色，效果如图 5-85 所示。

（4）按"Ctrl+D"组合键取消选区，选择【编辑】/【变换】/【透视】命令，打开自由变换调节框，拖动调节框的角点，对绘制的图像进行变形处理，按"Enter"键确认变形，效果如图 5-86 所示。

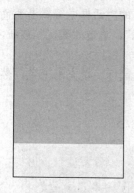

图 5-84

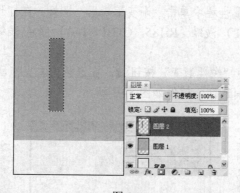

图 5-85

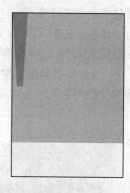

图 5-86

（5）复制 3 个"图层 2"的副本图层，选择工具箱中的移动工具，分别将各副本图层移动到如图 5-87 所示的位置。

（6）按住"Shift"键的同时选择"图层 2"，同时选择各副本图层，按"Ctrl+E"组合键向下合并图层，生成"图层 2 副本 3"图层，然后将其重命名为"图层 2"。

（7）选择【编辑】/【变换】/【透视】命令打开自由变换调节框，拖动调节框的角点，对图像进行变形处理，按"Enter"键确认变形，完成宣传单填充背景的制作，效果如图 5-88 所示。

提示　按"Ctrl+T"组合键打开自由变换框后，在变换框中单击鼠标右键，在弹出的快捷菜单中选择"透视"等命令也可进行相应的变换操作。

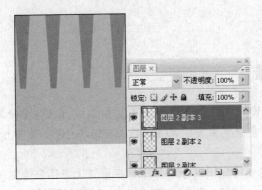

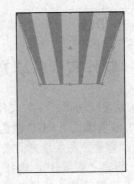

图 5-87   图 5-88

5.5.2　调入并处理图像

（1）打开"剪影.tif"素材文件，选择工具箱中的魔棒工具 ，在窗口中单击黑色部分图像载入选区。选择工具箱中的移动工具，拖动选区内容到"房产宣传单"文件窗口中，自动生成"图层 3"，效果如图 5-89 所示。

（2）按住"Ctrl"键的同时单击"图层 3"的缩览图，载入剪影的外轮廓选区，选择工具箱中的渐变工具，在属性栏中单击"渐变编辑器"图标，在打开的对话框中编辑渐变色为"绿色（R:9，G:88，B:1）-浅绿（R:185，G:230，B:0）-绿色-浅绿"，单击"确定"按钮，参数设置如图 5-90 所示。

（3）单击属性栏中的"线性渐变"按钮，在选区内垂直拖动鼠标，填充渐变色，然后按"Ctrl+D"组合键取消选区，效果如图 5-91 所示。

图 5-89   图 5-90   图 5-91

（4）双击"图层 3"后面的空白处，在打开的"图层样式"对话框中选中"外发光"复选框，设置外发光颜色为绿色（R:209，G:252，B:95），"扩展"为 15，"大小"为 10，单击"确定"按钮。

（5）打开"建筑.tif"素材文件，选择工具箱中的快速选择工具 ，在窗口中单击建筑部分，载入选区，然后选择工具箱中的移动工具 ，拖动选区内容到"房产宣传单"文件窗口中，自动生成"图层 4"，调整好大小与位置后的效果如图 5-92 所示。

（6）选择工具箱中的矩形选框工具 ，在窗口中绘制矩形选区，将建筑的上面部分框选，单击"图层"面板下方的"添加图层蒙版"按钮 ，为"图层 4"添加图层蒙版，即将选择部分隐藏，效果如图 5-93 所示。

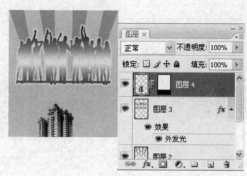

图 5-92　　　　　　　　　　　　　　　　图 5-93

（7）单击"图层 4"前面的缩览图，选择【图像】/【调整】/【色彩平衡】命令，在打开的"色彩平衡"对话框中设置"色阶"为 10、65 和-35，单击"确定"按钮。

（8）拖动"图层 4"到"图层"面板下方的"创建新图层"按钮 上，复制生成"图层 4 副本"，按"Ctrl+T"组合键，打开自由变换调节框，调整图像的大小和位置，按"Enter"键确认变换，效果如图 5-94 所示。

（9）新建"图层 5"，并将其拖动到"图层 4"之下，选择工具箱中的自定形状工具 ，在属性栏上设置形状为"圆形"。单击属性栏上的"填充像素"按扭 ，设置前景色为浅黄色（R:235，G:224，B:179），按住"Shift"键的同时在窗口中绘制大小不同的正圆图形，如图 5-95 所示。

图 5-94　　　　　　　　　　　　　　　　图 5-95

（10）新建"图层 6"，选择工具箱中的自定形状工具 ，在属性栏中设置形状为"窄边圆框" ○，设置前景色为浅绿色（R:226，G:246，B:141），按住"Shift"键的同时在窗口中再绘制窄边圆框，效果如图 5-96 所示。

（11）新建"图层 7"，选择工具箱中的自定形状工具 ，在属性栏中设置形状为"常春藤2" ，设置前景色为白色，在窗口中拖动鼠标绘制图形。

（12）新建"图层 8"，采用相同方法，设置相似的颜色，在窗口中绘制图形，完成后的效果如图 5-97 所示。

（13）打开"路标.tif"素材文件，选择工具箱中的魔棒工具 ，在窗口中单击绿色部份，按"Ctrl+Shift+I"组合键反选选区，选择工具箱中的移动工具 ，拖动选区内容到"房产宣传单"文件窗口中，自动生成"图层 9"，完成主要图像素材的添加与图形绘制，效果如图 5-98 所示。

图 5-96 图 5-97 图 5-98

5.5.3 添加文字和路线图

（1）选择工具箱中的横排文字工具 T，选择适当的字体和大小，在窗口上方的人物剪影上输入宣传主题口号，效果如图 5-99 所示。

（2）选择所有生成的文字图层，按"Ctrl+E"组合键向下合并图层，生成新的文字图层，将其重命名为"图层 10"。

（3）双击"图层 10"后面的空白处，在打开的"图层样式"对话框中选中"描边"复选框，设置描边颜色为深绿色（R:9，G:88，B:1），"大小"为 15，单击"确定"按钮，得到如图 5-100 所示的效果。

图 5-99 图 5-100

（4）选择【编辑】/【变换】/【透视】命令，打开自由变换调节框，拖动调节框的角点，对文字图像进行变形处理，按"Enter"键确认变形，效果如图 5-101 所示。

（5）新建"图层 11"，选择工具箱中的椭圆选框工具 ，按住"Shift"键的同时在窗口下方绘制正圆选区。

（6）选择【编辑】/【描边】命令，在打开的对话框中设置"宽度"为 3，"颜色"为深绿色（R:9，G:88，B:1），单击"确定"按钮，得到如图 5-102 所示的效果。

（7）设置前景色为深绿色（R:9，G:88，B:1），新建"图层 12"，选择工具箱中的画笔工具 ，在属性栏中设置画笔为尖角 5 像素，在窗口右下方绘制如图 5-103 所示的路线图。

图 5-101　　　　　　　　　　图 5-102　　　　　　　　　　图 5-103

（8）新建"图层 13"，设置前景色为红色（R:248，G:8，B:54），选择工具箱中的画笔工具 ，在步骤（7）绘制的路线图中绘制一块红色填充目标区域，效果如图 5-104 所示。

（9）新建"图层 14"，选择工具箱中的矩形选框工具 ，在窗口底部绘制长方形矩形选区，设置背景色为绿色，按"Ctrl+Delete"组合键将选区填充为背景色，取消选区后的效果如图 5-105 所示。

图 5-104　　　　　　　　　　　　　　　　　　图 5-105

（10）拖动"图层 14"到"图层"面板下方的"创建新图层"按钮 ，复制生成"图层 14 副本"图层，用移动工具将复制的图像移动到窗口中如图 5-106 所示的位置。

（11）选择工具箱中的横排文字工具 T，设置字体为宋体，字号为 4 点，颜色为棕色，在绘制的路线图上分别输入各路段的名称，并通过旋转操作将其旋转角度后放置到相应位置，效果如图 5-107 所示。

（12）选择工具箱中的横排文字工具 T.，设置字体为黑体，字号为 3 点，颜色为绿色，在路线图左侧输入相应的宣传文字内容，完成后对其中部分文字的字体和大小等进行编辑，效果如图 5-108 所示。至此，完成本例的制作。

图 5-106   图 5-107   图 5-108

5.6   制作商场促销广告

 实例目标

本例将制作一个商场促宣传广告，先处理宣传单的背景，再加入促销产品及价格信息等，完成后的最终效果如图 5-109 所示。

 素材文件\第 5 章\商场促销广告\提包 1.tif…
最终效果\第 5 章\商场促销广告.psd

图 5-109

　**制作思路**

　　本例的制作思路如图 5-110 所示，涉及的知识点有"半调图案"命令、画笔工具、直线工具、图层样式、图层混合模式、图层不透明度等，其中文字效果的制作及图层混合模式的应用是本例的制作重点。

　①调入背景素材　　　②处理背景底纹　　　③绘制图形和添加主题文字　④添加产品及促销信息

图 5-110

　**操作步骤**

5.6.1　处理背景

　　（1）新建"商场促销广告"文件，文件大小为 9 厘米×12 厘米，分辨率为 180 像素/英寸，打开"背景.tif"素材文件，选择工具箱中的移动工具，拖动图像到"商场促销广告"文件窗口中，自动生成"图层 1"。

　　（2）单击"创建新图层"按钮，新建"图层 2"，分别设置前景色为黄色（R:251，G:196，B:36）、绿色（R:153，G:142，B:40）和咖啡色（R:152，G:101，B:24），选择工具箱中的画笔工具，在属性栏中设置画笔为不同大小的柔角画笔，"不透明度"为 100%，在窗口中随意涂抹，效果如图 5-111 所示。

　　（3）设置"图层 2"的混合模式为正片叠底，图层的不透明度为 78%，效果如图 5-112 所示。

　　　　　图 5-111　　　　　　　　　　　　　　图 5-112

（4）打开"花.tif"素材文件，选择工具箱中的移动工具 ，拖动图像到"商场促销广告"文件窗口中，自动生成"图层3"。

（5）按"Ctrl+T"组合键打开自由变换调节框，调整图像的大小和位置到右侧后，按"Enter"键确认变换，效果如图 5-113 所示。

（6）设置"图层3"的混合模式为叠加，按"Ctrl+J"组合键复制"图层3"为"图层3副本"，设置"图层3副本"图层的不透明度为50%，效果如图 5-114 所示。

（7）按"Ctrl+J"组合键复制"图层3"为"图层3副本2"图层，选择【编辑】/【变换】/【水平翻转】命令，选择工具箱中的移动工具 ，将其移动到左下角。

（8）按"Ctrl+T"组合键打开自由变换调节框，按住"Shift"键不放将其等比缩小，按"Enter"键确认变换，完成背景的处理，效果如图 5-115 所示。

图 5-113   图 5-114   图 5-115

5.6.2   绘制装饰图形

（1）单击"创建新图层"按钮 ，新建"图层4"，设置前景色为红色（R:255，G:0，B:0），按"Alt+Delete"组合键将图层填充为前景色。

（2）选择【滤镜】/【素描】/【半调图案】命令，打开"半调图案"对话框，设置"大小"为7，"对比度"为50，"图案类型"为网点，单击"确定"按钮，效果如图 5-116 所示。

（3）选择"图层"面板，拖动"图层4"到"图层3"之下，设置"图层4"的混合模式为柔光，图层不透明度为25%，效果如图 5-117 所示。

（4）新建"图层5"，选择工具箱中的画笔工具 ，在属性栏中选择缤纷蝴蝶画笔 ，打开"画笔"面板，单击左侧的"画笔笔尖形状"选项，设置"间距"为200%，参数设置如图 5-118 所示。

（5）设置前景色为白色，在窗口上方绘制白色的"飞舞蝴蝶"效果，然后设置"图层5"的混合模式为叠加，效果如图 5-119 所示。

图 5-116

图 5-117

图 5-118

图 5-119

（6）新建"图层 6"，选择工具箱中的画笔工具 ✐，在属性栏中设置画笔为柔角 200 像素，设置前景色为深绿色（R:18，G:44，B:2），在窗口上方随意涂抹颜色，效果如图 5-120 所示。

（7）在"图层"面板中拖动"图层 6"到"图层 2"之上，设置"图层 6"的混合模式为叠加，效果如图 5-121 所示。

图 5-120

图 5-121

（8）新建"图层 7"，选择工具箱中的画笔工具 ✐，在属性栏中的"画笔预设"列表框中分别选择"星形放射-小"画笔 和"柔角5像素"画笔，设置前景色为白色，在窗口左下方绘制白色的"星星"效果，效果如图 5-122 所示。

（9）按"Ctrl+J"组合键复制"图层7"为"图层7副本"图层，选择【编辑】/【变换】/【水平翻转】命令，按"Ctrl+T"组合键打开自由变换调节框，按住"Shift"键不放将其等比缩小后移至右下角位置，按"Enter"键确认变换。

（10）新建"图层8"，按"Ctrl+R"组合键将标尺显示出来，选择工具箱中的直线工具 ，在属性栏中设置"粗细"为 2px，"不透明度"为 100%，按住"Shift"键不放，在窗口中绘制平行直线，再按标尺上的刻度绘制行距相等的多条平行直线，效果如图 5-123 所示。

（11）采用相同的方法，按住"Shift"键不放，按标尺上的刻度绘制间距相等的垂直直线，效果如图 5-124 所示。

图 5-122

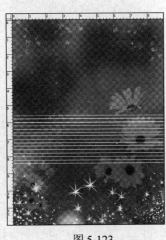
图 5-123

图 5-124

（12）按"Ctrl+R"组合键隐藏标尺，设置"图层8"的混合模式为柔光，图层的不透明度为70%，使绘制的线条在背景上形成小方格效果。

（13）单击"创建新图层"按钮 ，新建"图层9"，选择工具箱中的椭圆选框工具 ，按住"Shift"键不放在窗口中绘制正圆选区，然后填充为白色，效果如图 5-125 所示。

（14）双击"图层9"后面的空白处，打开"图层样式"对话框，选中左侧的"描边"复选框，设置"大小"为8，其他参数保持不变。

（15）继续选中左侧的"投影"复选框，设置"角度"为140，"距离"为10，"大小"为27，单击"确定"按钮，参数设置如图 5-126 所示。

（16）按"Ctrl+J"组合键复制"图层9"为"图层9副本"图层，拖动"图层9副本"图层到"图层9"之下。

（17）按"Ctrl+T"组合键打开自由变换调节框，将其缩小后移至适当位置，然后采用相同方法按"Ctrl+J"组合键分别复制"图层9"生成其他3个副本图层，调整好大小及位置便可完成装饰图形的绘制，效果如图 5-127 所示。

图 5-125

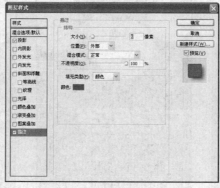

图 5-126

图 5-127

5.6.3　输入和编辑文字

（1）设置前景色为黑色，选择横排文字工具 T，在属性栏中设置字体为方正综艺简体，大小为 44 点，在窗口中间位置输入文字"女性时尚"。

（2）选择【编辑】/【变换】/【斜切】命令，打开自由变换调节框，调整调节框的角点将文字进行适当斜切变形，按"Enter"键确认变换。

（3）双击"女性时尚"文字图层，打开"图层样式"对话框，选中"渐变叠加"复选框，设置渐变色为"浅灰（R:176，G:176，B:176）-白色"，其他参数保持不变。

（4）在"图层样式"对话框中继续选中左侧的"描边"复选框，设置"大小"为 6，"填充类型"为渐变，渐变色为"桃红色（R:226，G:34，B:101）-暗红色（R:140，G:16，B:69）"，其他参数保持不变，单击"确定"按钮，得到如图 5-128 所示的文字效果。

（5）选择工具箱中的横排文字工具 T，在属性栏中设置字体为方正综艺简体，大小为 18 点，在"女性时尚"文字下方输入文字"NUXINGSHISHANG"。

（6）选择【编辑】/【变换】/【斜切】命令，打开自由变换调节框，调整调节框的角点将文字同样进行适当斜切变形。

（7）在"图层"面板中选择"女性时尚"文字图层，选择【图层】/【图层样式】/【拷贝图层样式】命令，然后选择"NUXINGSHISHANG"文字图层，选择【图层】/【图层样式】/【粘贴图层样式】命令，为其应用相同的图层样式，效果如图 5-129 所示。

（8）设置前景色为白色，选择工具箱中的横排文字工具 T，在属性栏中设置字体为方正毡笔黑繁体，大小为 27 点，在"女性时尚"文字上方位置输入文字"超时尚"，效果如图 5-130 所示。

提示　在制作本例的文本时也可以先编辑完一个文字图层后，将其进行复制，然后修改复制文字图层中文字的内容、大小、颜色等，快速制作出需要的文字效果。

图 5-128 图 5-129 图 5-130

（9）新建"图层 10"，选择工具箱中的自定形状工具，在属性栏中单击"填充像素"按钮，选择"叶形饰件 2"形状，然后按住"Shift"键不放，在"超时尚"文字右侧拖动绘制白色图案。

（10）新建"图层 11"，选择工具箱中的自定形状工具，在属性栏中选择"花形饰件 3"形状，按住"Shift"键不放，在"超时尚"文字左侧拖动绘制白色图案，效果如图 5-131 所示。

（11）新建"图层 12"，选择工具箱中的画笔工具，在属性栏中设置画笔为尖角 5 像素，在前面绘制的图案上绘制白色"圆点"图形，如图 5-132 所示。

（12）同时选择"超时尚"文字图层和"图层 10"至"图层 12"，按"Ctrl+E"组合键合并图层，双击合并后的图层名称，更改其名称为"图层 10"，如图 5-133 所示。

（13）双击图层 10 后面的空白处，打开"图层样式"对话框，选中"投影"复选框，设置"角度"为 120，"不透明度"为 40，其他参数保持不变，单击"确定"按钮，为其添加投影效果。

图 5-131 图 5-132 图 5-133

5.6.4 加入产品图片

（1）打开"鞋 1.tif"素材文件，选择工具箱中的移动工具，拖动图像到"商场促销广告"文件窗口中，自动生成"图层 11"，按"Ctrl+T"组合键打开自由变换调节框，调整图像的大小后将其移至窗口左上角的"圆圈"中，按"Enter"键确认变换，效果如图 5-134 所示。

（2）单击"图层"面板下方的"添加图层蒙版"按钮 ，为"图层 11"添加图层蒙版，选择工具箱中的画笔工具 ，在属性栏中设置画笔为柔角 100 像素，不透明度为 70%，对超出"圆圈"的部分图像进行局部涂抹，将多余的图像隐藏，效果如图 5-135 所示。

（3）打开"提包 1.tif"素材文件，将其拖动至"商场促销广告"窗口中，自动生成"图层 12"，拖动"图层 12"到"图层 9"之上。

（4）按"Ctrl+T"组合键打开自由变换调节框，调整图像的大小，将其移到窗口上方的第二个"圆圈"中，按"Enter"键确认变换，效果如图 5-136 所示。

  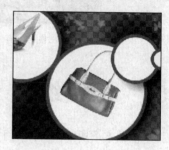

图 5-134　　　　　　　　　　图 5-135　　　　　　　　　　图 5-136

（5）打开"提包 2.tif"素材文件，用同样的方法将其移至"商场促销广告"窗口中，自动生成"图层 13"，并调整好其大小和位置，效果如图 5-137 所示。

（6）选择【图像】/【调整】/【色相/饱和度】命令，打开"色相/饱和度"对话框，设置"色相"为-180，"饱和度"为-30，其他参数保持不变，单击"确定"按钮，调整提包的颜色，效果如图 5-138 所示。

（7）打开"鞋 2.tif"素材文件，用同样的方法将其移至"商场促销广告"窗口中，自动生成"图层 14"，调整好大小后移至右下角的"圆圈"图形中，效果如图 5-139 所示。

图 5-137　　　　　　　　　　图 5-138　　　　　　　　　　图 5-139

（8）选择工具箱中的横排文字工具 T，在属性栏中设置字体为文鼎 CS 长美黑繁，大小为 12 点，在窗口中输入文字"特价"。

（9）按两次"Ctrl+J"组合键复制"特价"文字图层，生成"特价副本"和"特价副本 2"图层，分别调整各文字图层中文字的位置和角度，效果如图 5-140 所示。

（10）设置前景色为红色（R:229，G:12，B:85），选择工具箱中的横排文字工具 T，在属性栏中设置大小为 17，在各产品中输入相应的价格文字，输入后调整其位置，效果如图 5-141 所示，至此，完成本例的制作。

图 5-140

图 5-141

5.7　课后练习

根据本章所学内容，动手完成以下实例的制作。

练习1　制作台历型汽车广告

运用图层的新建与复制、图层样式、图层混合模式、渐变工具、纹理化滤镜、绘制多边形选区、变换图像等知识制作如图 5-142 所示的台历型汽车广告。

图 5-142

素材文件\第 5 章\课后练习\台历型汽车广告\汽车.jpg
最终效果\第 5 章\课后练习\台历型汽车广告（平面）.psd、台历型汽车广告.psd

练习 2　制作电影海报

运用栅格化文字图层、载入图层选区、渐变工具、添加图层样式、复制图层样式等制作如图 5-143 所示的电影海报。

素材文件\第 5 章\课后练习\电影海报\海报.jpg
最终效果\第 5 章\课后练习\电影海报.psd

图 5-143

练习 3　制作白酒画册封面

运用矩形选框工具、渐变工具、文本工具以及图像的移动、复制等操作方法，并结合图层的应用知识制作如图 5-144 所示的白酒画册封面，其中第一个效果图是封面，第二个效果是封底，整个画面以红色调为主，显得喜庆又大方。

素材文件\第 5 章\课后练习\白酒画册封面\边框.jpg、酒.jpg、酒标志.jpg、图案.jpg
最终效果\第 5 章\课后练习\白酒画册封面.psd

白酒画册封面

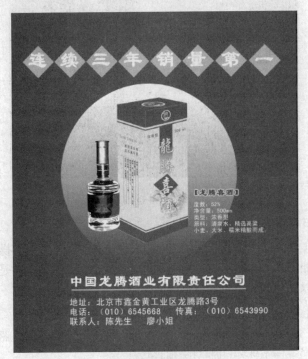

白酒画册封底

图 5-144

练习 4　制作饮料广告

运用单列选框工具、矩形选框工具、渐变工具、画笔工具、自定形状工具、"旋转扭曲"命令、斜面和浮雕图层样式以及文字图层的编辑等制作如图 5-145 所示的饮料广告。

素材文件\第 5 章\课后练习\饮料广告\男孩.tif
最终效果\第 5 章\课后练习\饮料广告.psd

图 5-145

练习 5　制作情人节促销广告

运用矩形选框工具、渐变工具、自定形状工具、图层样式、图层不透明度以及图层的新建、复制、移动、变换等制作如图 5-146 所示的情人节促销广告。

图 5-146

素材文件\第 5 章\课后练习\情人节促销广告\购物.tif

最终效果\第 5 章\课后练习\情人节促销广告.psd

练习6 制作古典婚纱照

运用"亮度/对比度"命令、"半调图案"命令、加深工具、画笔工具、图层蒙版、图层不透明度、图层样式等将提供的 3 幅婚纱照素材,合成一幅古典婚纱照,最终效果如图 5-147 所示。

素材文件\第 5 章\课后练习\古典婚纱照\婚纱照.tif、婚纱照 2.tif、婚纱照 3.tif

最终效果\第 5 章\课后练习\古典婚纱照.psd

图 5-147

练习7 制作房地产广告

运用画笔工具、文字工具、"描边"命令以及图层的复制、链接、合并,调整图层顺序等制作如图 5-148 所示的房地产广告。

素材文件\第 5 章\课后练习\房地产广告\标志.psd、建筑图.jpg

最终效果\第 5 章\课后练习\房地产广告.psd

图 5-148

练习 8　制作纸袋效果

运用矩形选框工具、加深工具、文字工具、描边路径、外发光图层样式等先制作出纸袋效果的平面图，再运用渐变工具、自由变换等操作制作出纸袋的立体展示效果，最终效果如图 5-149 所示。

纸袋的平面图

纸袋的立体展示图

图 5-149

素材文件\第 5 章\课后练习\纸袋效果\桔片.psd、图案.psd

最终效果\第 5 章\课后练习\纸袋包装（平面）.psd、纸袋包装（立体展示）.psd

练习 9 制作药包装盒效果

运用铅笔工具、橡皮擦工具、椭圆选框工具、文字工具和自定形状工具结合图层的操作先制作出药品包装的平面图,再运用选取、变换操作等制作出立体包装盒展示效果,如图 5-150 所示。

素材文件\第 5 章\课后练习\药包装盒\背景.jpg、标志.psd、条码.jpg

最终效果\第 5 章\课后练习\药包装（平面）.psd、药包装（立体展示）.psd

提示 在制作包装盒类作品时一般都是先制作出平面展开图,再制作立体展示效果。在制作平面展开图时最好将各个面全部制作出来,若有相关的产品模型还必须按产品实际尺寸制作。选择"透视"等命令也可进行相应的变换操作。

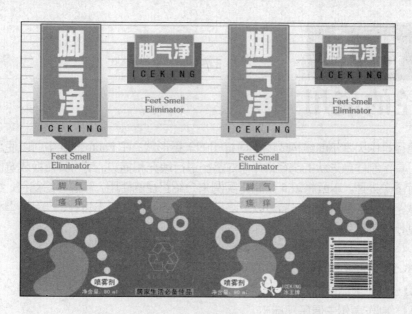

药品的平面图

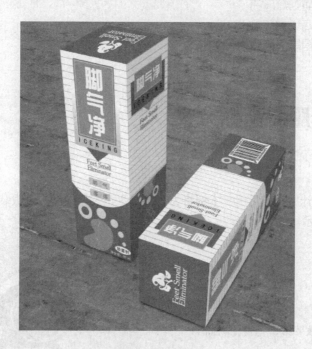

药品盒立体展示效果

图 5-150

第 6 章

路径的应用

路径是由贝塞尔曲线构成的不可打印的矢量形状，在 Photoshop 中可以使用钢笔工具绘制任意形状的路径，并可对路径进行填充和描边，或将其转换成选区后进行图像处理。本章将以 5 个制作实例来介绍路径的使用，掌握手绘路径、绘制形状路径、路径的填充与描边以及路径与选区的互换在标志设计、产品造型和广告制作中的应用。

本章学习目标：
- 制作服装商标
- 制作高尔夫俱乐部标志
- 制作霓虹灯广告
- 制作商场宣传 POP
- 设计糖果包装效果

6.1　制作服装商标

实例目标

路径在标志设计中比较常用，本例将为"小蜗牛童装"绘制一个服装商标，完成后的最终效果如图 6-1 所示。

最终效果\第 6 章\服装商标.psd

图 6-1

制作思路

本例的制作思路如图 6-2 所示，涉及的知识点有文字工具、渐变工具、钢笔工具、椭圆工具、矩形工具、添加锚点工具、转换点工具、填充路径等，其中形状路径的绘制与填充是本例的制作重点。

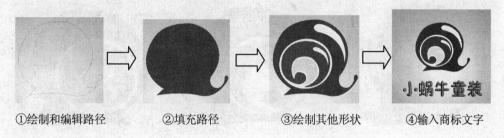

①绘制和编辑路径　　②填充路径　　③绘制其他形状　　④输入商标文字

图 6-2

操作步骤

（1）新建"服装商标"图像文件，设置图像大小为 800 像素 × 800 像素，设置前景色为绿色（R:143，G:211，B:0），背景色为白色。

（2）选择工具箱中的渐变工具，从图像中间位置向外部进行渐变填充。

（3）选择工具箱中的椭圆工具，在属性栏中单击"路径"按钮，绘制一个椭圆路径，然后使用添加锚点工具在椭圆路径上单击添加几个锚点，再使用转换点工具将路径编辑成蜗牛状，如图 6-3 所示。

（4）新建"图层 1"，设置前景色为蓝色（R:1，G:69，B:180），单击"路径"面板底部的"用前景色填充路径"按钮，按住"Shift"键，单击路径缩略图，隐藏路径后的效果如图 6-4 所示。

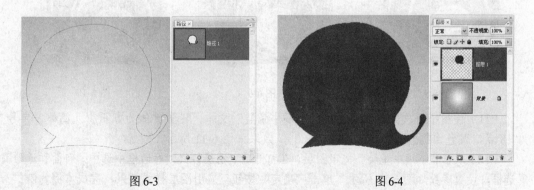

图 6-3　　　　　　　　　　　　　　　　　图 6-4

（5）使用椭圆工具在蓝色填充区域内部再绘制一个椭圆路径，按"X"键交换前景色和背景色，此时前景色为白色，单击"路径"面板底部的"用前景色填充路径"按钮，用前景色填充路径，隐藏路径后的效果如图 6-5 所示。

（6）选择工具箱中的钢笔工具，在白色椭圆图形中绘制一个弧形封闭路径，用转换点工具▷对其进行调整，完成后设置前景色为红色（R:255，G:0，B:0），用前景色填充路径，效果如图 6-6 所示。

（7）使用钢笔工具◊继续绘制一个弧形封闭路径，设置前景色为黄色（R:255，G:255，B:0），用前景色填充路径后的效果如图 6-7 所示。

图 6-5   图 6-6   图 6-7

（8）使用钢笔工具◊在右上角绘制一个封闭路径，设置前景色为白色，用前景色填充路径，效果如图 6-8 所示。

（9）按"Ctrl+T"组合键，打开自由变换调节框，按"Shift"键向内拖动变换框任意一个角点，等比例缩小当前路径，将缩小后的路径拖动到红色图形上，按"Enter"键确认变换后用前景色填充路径，效果如图 6-9 所示。

（10）继续等比例缩小变换当前路径，并移至黄色区域内部，用前景色填充路径，完成蜗牛形状图形的绘制，效果如图 6-10 所示。

图 6-8   图 6-9   图 6-10

（11）使用横排文字工具Ｔ输入"小蜗牛童装"文本，设置字体为方正少儿简体，字号为 18 点，颜色为红色（R:255，G:0，B:0），效果如图 6-11 所示。

（12）双击"小蜗牛童装"文字图层，在打开的"图层样式"对话框中选中"斜面和浮雕"复选框，设置参数如图 6-12 所示。单击"确定"按钮，应用图层样式效果，完成本例的制作。

提示　隐藏路径后需要再次查看和编辑路径时，可以在"路径"面板中单击相应的路径缩略图，选择路径形状后切换到转换点工具状态时下时，路径上将显示锚点、曲线段、直线段、方向线等元素。

图 6-11

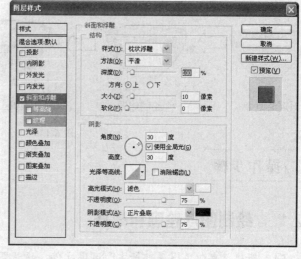

图 6-12

6.2　制作高尔夫俱乐部标志

本例将制作如图 6-13 所示的高尔夫俱乐部标志，该标志不仅利用路径进行了图形设计，还巧妙地将相关文字与标志进行了结合使用。

最终效果\第 6 章\高尔夫俱乐部标志.psd

图 6-13

本例的制作思路如图 6-14 所示，涉及的知识点有创建参考线、沿参考线绘制路径、编辑并填充路径、路径与选区的互换操作、创建变形文字等，其中绘制并编辑路径以及创建变形文字是本例的制作重点。

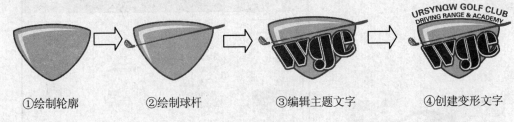

①绘制轮廓　　　　②绘制球杆　　　　③编辑主题文字　　　　④创建变形文字

图 6-14

操作步骤

6.2.1 绘制图形轮廓和球杆

（1）新建"高尔夫俱乐部标志"图像文件，设置图像大小为 800 像素×580 像素，按"Ctrl+R"组合键显示水平和垂直标尺，拖动标尺创建如图 6-15 所示的水平和垂直参考线。

（2）设置前景色为绿色（R:143，G:191，B:30），选择工具箱中的钢笔工具 ，在属性栏中单击"形状图层"按钮，沿参考线绘制如图 6-16 所示的三角形形状。

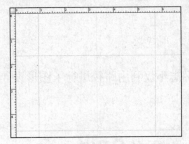

图 6-15

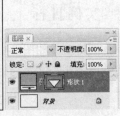

图 6-16

（3）选择工具箱中的转换点工具 ，拖动形状边缘处路径上的各个锚点显示出调整手柄，再分别拖动调整手柄将形状调整成如图 6-17 所示。

（4）按住"Ctrl"键单击生成的形状图层上的矢量蒙版缩略图，载入形状选区。

（5）新建"图层 1"，选择【编辑】/【描边】命令，在打开的对话框中设置"宽度"为 10px，"颜色"为青色（R:30，G:73，B:23），选中"居外"单选项，单击"确定"按钮，得到如图 6-18 所示的效果。

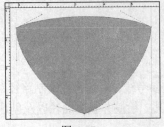

图 6-17

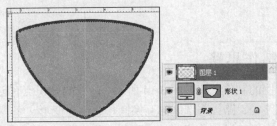

图 6-18

（6）新建"图层 2"，设置前景色为黄色（R:235，G:244，B:138），使用钢笔工具绘制封闭路径，并用前景色填充路径，以模拟绿色区域受光时产生的高光效果，效果如图 6-19 所示。

（7）新建"图层 3"，设置前景色为青色（R:37，G:89，B:28），使用钢笔工具绘制球杆封闭形状路径，并用前景色填充路径，制作出高尔夫球杆，其形状与效果如图 6-20 所示。

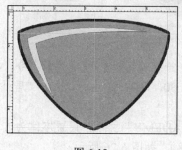 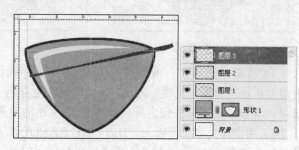

图 6-19　　　　　　　　　　　　　　　　　图 6-20

（8）继续使用钢笔工具在高尔夫球杆前端绘制封闭路径，并用前景色填充路径，其形状与效果如图 6-21 所示。

（9）选择工具箱中的橡皮擦工具，设置不同大小的画笔直径，在前面绘制的图像上擦除部分区域，得到高尔夫球杆头部效果，如图 6-22 所示。

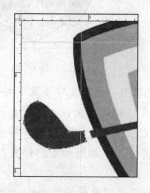 

图 6-21　　　　　　　　　　　　　　　　　图 6-22

6.2.2　添加变形文字

（1）使用横排文字工具输入"wge"文本，设置字体为 FuturaBlack BT，字号为 70 点，颜色为褐色（R:106，G:10，B:8），通过旋转变换将文字顶部旋转至与球杆的方向平行，效果如图 6-23 所示。

（2）按住"Ctrl"键不放单击文字图层缩略图，载入文字图层中的文字选区，新建"图层 4"，将"图层 4"移动至文字图层的下方，设置前景色为黄色（R:235，G:244，B:138），用前景色填充选区，对填充后的图像适当放大变换，效果如图 6-24 所示。

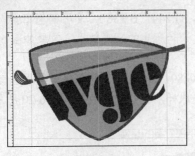
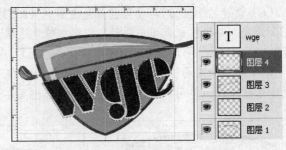

图 6-23　　　　　　　　　　　　　　　　图 6-24

（3）新建"图层 5"，载入"图层 4"中的文字选区，选择【编辑】/【描边】命令，在打开的对话框中设置"宽度"为 10px，"颜色"为青色（R:30，G:73，B:23），选中"居外"单选项，单击"确定"按钮，得到如图 6-25 所示的效果。

（4）用横排文字工具输入"DRIVING RANGE & ACADEMY"文本，设置字体为方正综艺简体，字号为 10 点，颜色为褐色（R:106，G:10，B:8），如图 6-26 所示。

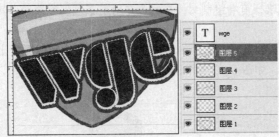

图 6-25　　　　　　　　　　　　　　　　图 6-26

（5）选择步骤（4）中输入的文本，在属性栏中单击"创建文字变形"按钮，在打开的对话框中设置样式为"扇形"，"弯曲"为 21，单击"确定"按钮，效果如图 6-27 所示。

（6）用横排文字工具输入"URSYNQW GOLF CLUB"文本，设置字号为 14 点，颜色为青色（R:30，G:73，B:23），用前面的操作方法为该文字添加扇形变形样式，设置"弯曲"为 22，效果如图 6-28 所示。

（7）至此，完成本例标志的制作，按"Ctrl+R"组合键隐藏标尺，按"Ctrl+H"组合键隐藏参考线，查看标志的最终效果。

图 6-27　　　　　　　　　　　　　　　　图 6-28

6.3　制作霓虹灯广告

实例目标

　　本例将运用路径的描边等知识为"王冠音乐吧"制作一个霓虹灯广告，完成后的最终效果如图 6-29 所示。

最终效果\第 6 章\霓虹灯广告.psd

图 6-29

制作思路

　　制作霓虹灯效果需要绘制大量的形状路径，再对其进行描边。本例的制作思路如图 6-30 所示，涉及的知识点有直线工具、钢笔工具、自定形状工具、横排文字蒙版工具以及路径的描边等，其中描边路径是本例的制作重点。

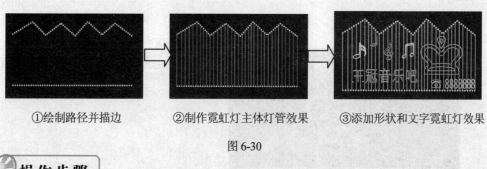

①绘制路径并描边　　　　②制作霓虹灯主体灯管效果　　　③添加形状和文字霓虹灯效果

图 6-30

操作步骤

6.3.1　制作霓虹灯的主体灯管发光效果

　　（1）选择【文件】/【新建】命令，新建"霓虹灯广告"图像文件，设置图像大小为 9 厘米×5.4 厘米，分辨率为 300 像素/英寸。

　　（2）选择工具箱中的钢笔工具，在图像下方单击一点后，按住"Shift"键不放再在右侧单击一点，绘制一条直线路径，按"Esc"键后在上方单击并绘制一条折线路径，如图 6-31 所示。

（3）选择"背景"图层，将前景色设为黑色，按"Alt+Delete"组合键将图像背景填充为黑色，然后将前景色设为黄色，新建"图层 1"，选择工具箱中的画笔工具，单击其属性栏右侧的切换画笔调板圞按钮，打开"画笔"面板，单击选中"画笔笔尖形状"选项，在样式列表框中选择尖角 13 像素画笔，然后拖动下方的"间距"滑块，将其设为 135%，如图 6-32所示。

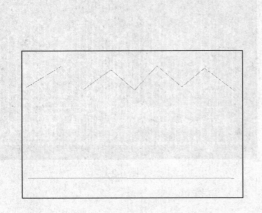

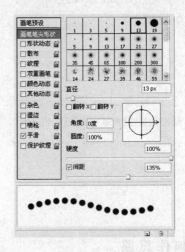

图 6-31 图 6-32

（4）单击"路径"面板底部的"用画笔描边路径"按钮○，对路径进行描边，效果如图 6-33 所示。

（5）单击"路径"面板中的"创建新路径"按钮圎，新建一个"路径 1"，如图 6-34 所示。

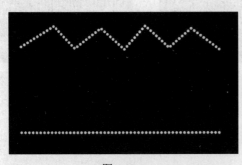

图 6-33 图 6-34

（6）隐藏背景图层，选择工具箱中的直线工具，在其属性栏中单击"路径"按钮圝，再在图像中按住"Shift"键不放，从顶部的折线向下拖动至直线上，绘制多条直线路径。

（7）将前景色设为紫色，选择工具箱中的画笔工具，单击其属性栏中"画笔"右侧的下拉按钮▾，在弹出的列表框中选择柔角 9 像素画笔，再将其"主直径"设为 10，"硬度"设为 0，"不透明度"设为 50%。

（8）单击"路径"面板中的"用画笔描边路径"按钮○，对路径进行描边，然后将画笔"主直径"设为 5，"不透明度"设为 100%，再单击"用画笔描边路径"按钮 ○，对路径进行描边。

（9）将前景色设为白色，将画笔"主直径"设为 2，"不透明度"设为 100%，再单击"用画笔描边路径"按钮 ○，对路径进行描边，显示出黑色背景后的效果如图 6-35 所示。

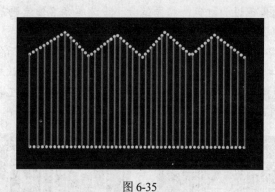

图 6-35

6.3.2　添加形状和文字霓虹灯效果

（1）单击"路径"面板中的"创建新路径"按钮 ▣，新建一个"路径 2"，此时将隐藏"路径 1"中的直线路径。

（2）切换到自定形状工具，在其属性栏中单击"形状"右侧的下拉按钮 ▾，在弹出的列表框分别选择♪、♩、♪、♫、♛和☎形状，在图像中单击绘制各个形状路径，效果如图 6-36 所示。

（3）选择工具箱中的路径选择工具 ▸，按住"Shift"键不放，单击选择绘制的王冠和电话机形状路径。

（4）将前景色设为红色，选择工具箱中的画笔工具 ✐，选择柔角 8 像素画笔，"不透明度"设为 100%，单击"用画笔描边路径"按钮 ○ 对路径进行描边，再将前景色设为白色，画笔大小为柔角 4 像素，单击"用画笔描边路径"按钮 ○ 对路径再次进行描边，效果如图 6-37 所示。

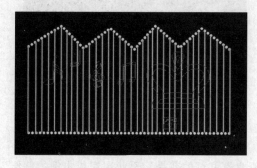

图 6-36

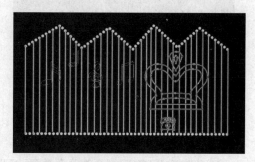

图 6-37

（5）选择工具箱中的路径选择工具，按住"Shift"键不放，单击选择绘制第1、4个音乐符号形状路径。

（6）将前景色设为黄色，选择工具箱中的画笔工具，将其设为柔角8像素画笔，对其进行描边，再将前景色设为白色，画笔大小为柔角2像素，再次进行描边。

（7）选择工具箱中的路径选择工具，按住"Shift"键不放单击选择绘制第2、3个音乐符号形状路径。将前景色设为红色，将画笔大小设为柔角8像素画笔，对其进行描边，再将前景色设为白色，画笔大小为柔角2像素，再次进行描边。

（8）对所有形状路径进行描边，按"Ctrl+H"组合键隐藏路径后的效果如图6-38所示。

（9）选择工具箱中的横排文字蒙版工具，保持属性栏中的默认参数不变，在左下角位置单击鼠标左键，出现插入点后输入文字"王冠音乐吧"，单击任意工具退出输入状态，得到文字的选区，效果如图6-39所示。

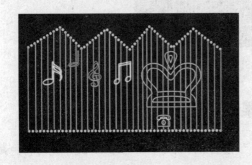

图 6-38　　　　　　　　　　　　　　　　　　图 6-39

（10）选择【编辑】/【变换选区】命令，将选区拖大，单击"路径"面板中的"将选区转化为路径"按钮，将文字选区转换为路径。

（11）将前景色设置为红色，将画笔大小设置为柔角8像素画笔，对其进行描边，再将前景色设置为白色，画笔大小为柔角3像素，再次进行描边，按"Ctrl+H"组合键隐藏路径，效果如图6-40所示。

（12）用同样的方法使用横排文字蒙版工具在右下角创建电话号码文字选区，将前景色设为绿色，将画笔大小设为柔角6像素画笔，对其进行描边，再将前景色设为白色，画笔大小为柔角2像素，再次进行描边，效果如图6-41所示。

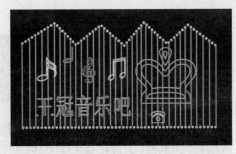

图 6-40　　　　　　　　　　　　　　　　　　图 6-41

（13）按"Ctrl+H"组合键隐藏路径，可查看霓虹灯的效果。至此，完成本例的制作。

6.4　制作商场宣传 POP

实例目标

本例将为一商场制作主题为"扮靓春天"的宣传 POP 效果，完成后的最终效果如图 6-42 所示。

素材文件\第 6 章\商场宣传 POP\人物.jpg、鲜花.psd

最终效果\第 6 章\商场宣传 POP.psd

图 6-42

制作思路

本例的制作思路如图 6-43 所示，涉及的知识点有渐变工具、画笔工具、钢笔工具、编辑形状路径、旋转扭曲滤镜、排列图层等，其中形状路径的编辑以及制作彩条文字效果是本例的制作重点。

①绘制背景图案　　　　②调入素材　　　　③制作彩条文字

图 6-43

操作步骤

6.4.1　绘制背景图案

（1）新建"商场宣传 POP"图像文件，设置图像大小为 10 厘米×7 厘米，按"Ctrl+R"组合键显示标尺，并分别拖动标尺创建如图 6-44 所示的水平和垂直参考线。

（2）新建"图层 1"，设置前景色为绿色（R:32，G:159，B:80），背景色为白色，使用渐变工具▣，从图像顶部垂直向底部进行线性渐变填充。

（3）新建"图层 2"，使用钢笔工具沿参考线绘制如图 6-45 所示的封闭路径。

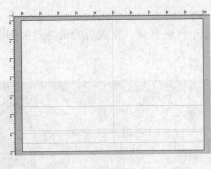

图 6-44   图 6-45

（4）按"Ctrl+Enter"组合键将路径转换为选区，设置前景色为嫩绿色（R:156，G:202，B:119），选择工具箱中的画笔工具✐，在属性栏中设置主直径为 100px，不透明度和流量都为 30%，沿选区底部反复涂抹，得到如图 6-46 所示的效果。

（5）取消选区后新建"图层 3"，沿参考线绘制如图 6-47 所示的封闭路径。

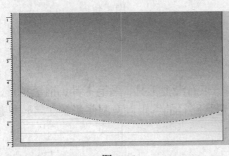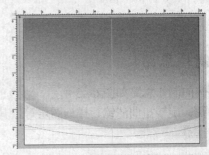

图 6-46   图 6-47

（6）按"Ctrl+Enter"组合键将路径转换为选区，继续使用画笔工具✐在当前选区的底部反复涂抹，得到如图 6-48 所示的效果，然后取消选区。

（7）新建"图层 4"，继续使用画笔工具✐在图像底部反复涂抹，直至得到如图 6-49 所示的效果。

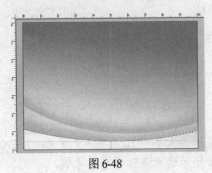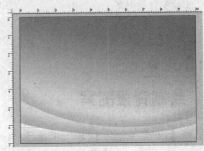

图 6-48   图 6-49

（8）保持选择画笔工具 ，按"F5"键打开"画笔"面板，选择"流星"画笔样式，设置间距为 100%，选中"散布"复选框，选中"两轴"复选框，并在其右侧的数值框中输入 1000%，设置参数如图 6-50 所示。

（9）关闭"画笔"面板，新建"图层 5"，按"X"键交换前景色和背景色，在属性栏中设置不透明度和流量都为 100％，在图像中随机涂抹，绘制如图 6-51 所示的星星效果。

图 6-50

图 6-51

（10）新建"图层 6"，设置前景色为绿色（R:32，G:159，B:80），背景色为白色，使用椭圆选框工具 绘制一个椭圆选区。

（11）选择工具箱中的渐变工具 ，设置渐变类型为径向渐变，从选区左上角向右下角进行渐充填充，效果如图 6-52 所示。

（12）按"Ctrl+D"组合键取消选区，为"图层 6"添加图层蒙版，选择工具箱中的画笔工具 ，设置画笔样式为柔角 300 像素，不透明度和流量为 30%，在圆形底部涂抹隐藏部分图像，完成背景的处理，效果如图 6-53 所示。

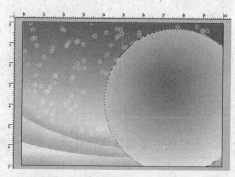

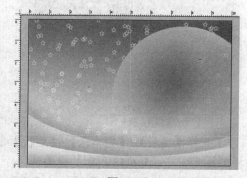

图 6-52

图 6-53

6.4.2　添加图片并制作特殊形状文字

（1）打开"人物.jpg"图像和"鲜花.psd"图像，选取人物图像后分别用移动工具 ，将图像拖动复制到新建图像中，生成"图层 7"和"图层 8"，调整图像的大小和位置，效果如图 6-54 所示。

（2）选择"图层 7"，添加图层蒙版，选择工具箱中的画笔工具 ，设置画笔样式为柔角 300 像素，不透明度和流量为 30%，在人物下方涂抹隐藏部分图像，得到如图 6-55 所示的效果。

图 6-54　　　　　　　　　　　　　　　　　　图 6-55

（3）用横排文字工具输入"扮"文本，在"字符"面板中设置字体为方正粗黑繁体，字号为 52 点，颜色为白色，并单击"仿斜体"按钮 T，效果如图 6-56 所示。

（4）选择【图层】/【文字】/【转换为形状】命令，将当前图层转换为形状图层，选择工具箱中的直接选择工具 ，选择路径中左侧的锚点进行拖动，编辑成如图 6-57 所示效果。

图 6-56　　　　　　　　　　　　　　　　　　图 6-57

（5）选择【图层】/【栅格化】/【形状】命令，将形状图层栅格化为普通图层，使用椭圆选框工具 绘制如图 6-58 所示的椭圆选区。

（6）选择【滤镜】/【扭曲】/【旋转扭曲】命令，在打开的对话框中设置"角度"为-600，单击"确定"按钮，对选择的文字部分进行扭曲，效果如图 6-59 所示。

（7）按"Ctrl+D"组合键取消选区，保持字体、字号和颜色不变，用横排文字工具输入"春"文本，按照步骤（5）和步骤（6）的操作方法，将该文字编辑成如图 6-60 所示的效果。

（8）保持字体、字号和颜色不变，用横排文字工具输入"天"文本，将文字图层转换为形状图层，通过编辑形状边缘上的路径将其编辑成如图 6-61 所示的效果。

图 6-58

图 6-59

图 6-60

图 6-61

（9）新建"图层 9"，按住"Ctrl+Shift"组合键不放，分别单击前面输入文字时所创建的 3 个图层缩略图，以叠加载入选区，效果如图 6-62 所示。

（10）设置背景色为黄色（R:220，G:218，B:66），前景色为白色，选择工具箱中的渐变工具，设置渐变类型为线性渐变，从文字选区顶部向底部进行渐变填充，效果如图 6-63 所示。

图 6-62

图 6-63

（11）选择【图层】/【图层样式】/【描边】命令，在打开的"图层样式"对话框中设置"大小"为 10，"颜色"为绿色（R:27，G:159，B:80）。

（12）在"图层样式"对话框中选中"外发光"复选框，设置"不透明度"为 100，"颜色"为白色，"扩展"为 48，"大小"为 18，"范围"为 1，单击"确定"按钮，得到如图 6-64

所示的文字效果。

（13）用横排文字工具输入"靓"文本，设置字体为方正粗黑繁体，字号为 52 点，颜色为白色，效果如图 6-65 所示。

图 6-64

图 6-65

（14）按住"Ctrl"键不放单击"靓"文字图层，载入文字的选区，然后隐藏该图层。

（15）新建"图层 10"，设置背景色为紫色（R:221，G:3，B:101），选择工具箱中的渐变工具█，从选区顶部向底部进行线性渐变填充，效果如图 6-66 所示。

（16）选择【图层】/【图层样式】/【描边】命令，在打开的"图层样式"对话框中设置"大小"为 10，"颜色"为深紫色（R:99，G:0，B:91）。

（17）继续再选中"外发光"复选框，设置"不透明度"为 100，"颜色"为白色，"扩展"为 80，"大小"为 18，"范围"为 1，单击"确定"按钮，为"靓"字添加图层样式，效果如图 6-67 所示。

图 6-66

图 6-67

（18）连续按两次"Ctrl+["组合键，将"图层 10"向下移至"图层 9"下方，得到如图 6-68 所示的效果。

（19）按"Ctrl+H"组合键隐藏参考线。保持字体不变，设置字号为 8 点，颜色为绿色（R:27，G:159，B:80），用横排文字工具在图像底部输入"用时沿扮靓春天 让美丽随心所欲"文本，如图 6-69 所示。至此，完成本实例的制作。

图 6-68

图 6-69

6.5　设计糖果包装效果

本例将为名为"香香嘴"的糖果制作包装袋，完成后的最终效果如图 6-70 所示。

最终效果\第 6 章\糖果包装.psd

图 6-70

本例的制作思路如图 6-71 所示，涉及的知识点有自定形状工具、直线工具、钢笔工具、排列图层、羽化选区等，其中钢笔工具的使用是本例的制作重点。

①制作包装背景　　　②添加文字和图形　　　③制作高光效果　　　④制作环境背景

图 6-71

操作步骤

6.5.1　绘制糖果包装图形部分

（1）新建"糖果包装"图像，设置图像大小为 10 厘米×6 厘米，按"Ctrl+R"组合键显示标尺，并分别拖动标尺创建如图 6-72 所示的水平和垂直参考线。

（2）新建"图层 1"，设置前景色为红色（R:225，G:36，B:38），选择工具箱中的矩形选框工具，沿参考线绘制矩形选区，按"Alt+Delete"组合键填充前景色，取消选区后的效果如图 6-73 所示。

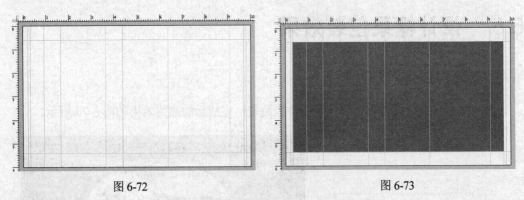

图 6-72　　　　　　　　　　　　　　　　　图 6-73

（3）新建"图层 2"，设置前景色为褐色（R:114，G:60，B:62），选择工具箱中的多边形套索工具，沿参考线绘制选区，按"Alt+Delete"组合键填充前景色，如图 6-74 所示，然后取消选区。

（4）新建"图层 3"，设置前景色为蓝色（R:60，G:71，B:114），选择工具箱中的钢笔工具，在褐色块右侧绘制一条封闭路径，通过转换点工具将其编辑成如图 6-75 所示的形状。

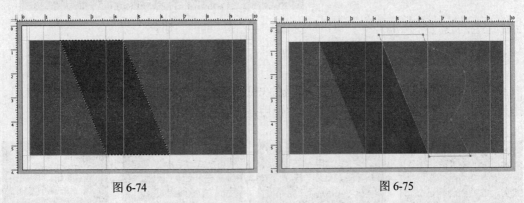

图 6-74　　　　　　　　　　　　　　　　　图 6-75

（5）按"Ctrl+Enter"组合键将路径转换为选区，按"Alt+Delete"组合键填充前景色，按"Ctrl+D"组合键取消选区。

（6）新建"图层 4"，载入"图层 1"中的选区，设置前景色为橙色（R:237，G:131，B:0），选择工具箱中的自定形状工具，在属性栏中单击"填充像素"按钮，选择"五彩纸屑"形状，拖动绘制纸屑图像，直至得到如图 6-76 所示的效果。

（7）取消选区后新建"图层 5"，设置前景色为青色（R:0，G:174，B:167），使用钢笔工具█绘制一个类似于心形的封闭路径，并通过转换点工具█编辑锚点，得到如图 6-77 所示的心形形状。

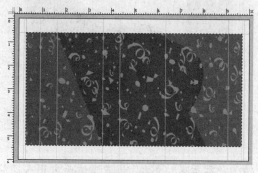

图 6-76　　　　　　　　　　　　　　　　图 6-77

（8）单击"路径"面板底部的"用前景色填充路径"按钮，得到如图 6-78 所示的填充效果。

（9）按"Ctrl+T"组合键进入路径变换状态，按住"Ctrl"键的同时分别拖动变换框的各边，适当缩小路径，效果如图 6-79 所示，然后按"Enter"键确认变换。

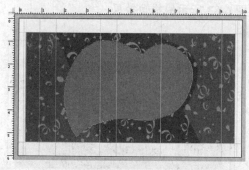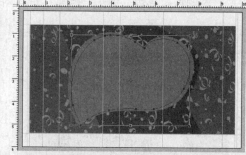

图 6-78　　　　　　　　　　　　　　　　图 6-79

（10）新建"图层 6"，设置前景色为蓝色（R:16，G:50，B:241），单击"路径"面板底部的"用前景色填充路径"按钮，填充路径。

（11）新建"图层 7"，设置前景色为绿色（R:155，G:251，B:6），按照步骤（9）和步骤（10）的操作方法编辑路径，并使用前景色对路径进行填充，得到如图 6-80 所示的效果。

（12）新建"图层 8"，设置前景色为白色，继续用前面的方法编辑路径，将其右侧路径向内缩小，然后使用前景色对路径进行填充路径，得到如图 6-81 所示的效果，然后按"Delete"键删除路径，完成糖果包装图形的制作。

> **提示**　在制作过程中为了便于以后修改，也可以将路径保留下来，按"Ctrl+H"组合键便可将路径隐藏起来，再次按下该组合键便可再次显示出来。

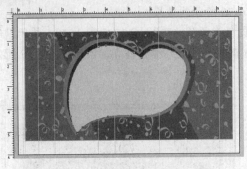

图 6-80   图 6-81

6.5.2   添加糖果包装文字

（1）用横排文字工具在绘制的心形图形上输入"香香嘴"文本，设置字体为方正卡通简体，字号为 60 点，颜色为褐色（R:114，G:60，B:62）。

（2）按"Ctrl+T"组合键将文字右侧向上进行斜切变换至如图 6-82 所示的效果。

（3）选择【图层】/【图层样式】/【投影】命令，在打开的对话框中设置"角度"为 120，"距离"为 17，"扩展"为 0，"大小"为 0，单击"确定"按钮。

（4）选择【图层】/【图层样式】/【描边】命令，在打开的对话框中设置"大小"为 8，"颜色"为白色，单击"确定"按钮，得到如图 6-83 所示的描边效果。

图 6-82   图 6-83

（5）使用钢笔工具沿白色心形右侧的弧度绘制一条开放性弧形路径，注意路径起始锚点为心形的底端位置，效果如图 6-84 所示。

（6）选择工具箱中的横排文字工具，在路径上单击并输入"100%天然原料"文本，设置字体为华文行楷，字号为 14 点，颜色为红色（R:231，G:31，B:27），效果如图 6-85 所示，然后按"Ctrl+Enter"组合键完成文字输入。

（7）按照步骤（5）和步骤（6）的操作方法，继续在心形图形左上角绘制一条弧形路径，然后沿路径输入"XIANG XIANG ZUI"文本，设置字体为方正卡通简体，字号为 8 点，颜色为红色，效果如图 6-86 所示。

（8）新建"图层 9"，设置前景色为红色（R:225，G:36，B:38），选择工具箱中的自定

形状工具 ，选择"爆炸 1"形状，在"嘴"文本下方拖动绘制填充图形，效果如图 6-87 所示。

图 6-84

图 6-85

图 6-86

图 6-87

（9）选择【图层】/【图层样式】/【描边】命令，在打开的对话框中设置"大小"为 4，"颜色"为黄色（R:225，G:255，B:0），单击"确定"按钮，对绘制的"爆炸"图形添加描边效果，如图 6-88 所示。

（10）选择工具箱中的横排文字工具，保持字体不变，设置字号为 20 点，颜色为白色，在"爆炸"图形上单击输入"新"文本。

（11）选择【图层】/【图层样式】/【斜面和浮雕】命令，在打开的对话框中设置"样式"为外斜面，"深度"为 1000，"大小"为 1，单击"确定"按钮，效果如图 6-89 所示。

图 6-88

图 6-89

6.5.3　制作糖果包装立体效果

（1）新建"图层 10"，设置前景色为红色（R:225，G:36，B:38），选择工具箱中的直线工具，设置粗细为 10px，沿图像左上角的水平参考线绘制一条短直线，放大局部后的效果如图 6-90 所示。

（2）设置前景色为黑色，继续使用直线工具，设置粗细为 3px，沿步骤（1）绘制的直线中包含的水平参考线绘制黑色短直线，效果如图 6-91 所示。

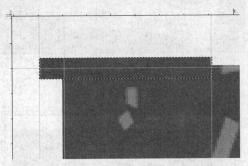
图 6-90

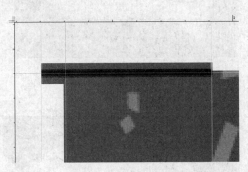
图 6-91

（3）选择工具箱中的多边形套索工具，在前面绘制图形的最左端绘制如图 6-92 所示的多边形选区，然后按"Delete"键删除选区内图像。

（4）载入"图层 10"中的选区，按"Ctrl+T"组合键进入变换状态，按"Shift+↓"组合键向下移动图像，效果如图 6-93 所示，然后按"Enter"键确认变换。

（5）连续多次按"Ctrl+Alt+Shift+T"组合键，连续向下移动并复制多个图像，直至得到如图 6-94 所示的效果，形成糖果包装袋左侧的纹理效果。

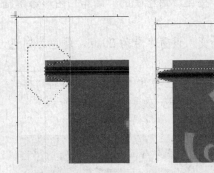
图 6-92

图 6-93

图 6-94

（6）连续按"Ctrl+E"组合键合并副本图层至"图层 10"，按"Ctrl+T"组合键进入图像变换，按"Ctrl+Alt+Shift"组合键不放，向上拖动左上角变换点，使其得到如图 6-95 所示的变形效果，按"Enter"键确认变换。

（7）按"Ctrl+J"组合键复制生成"图层 10 副本"图层，选择【编辑】/【变换】/【水平翻转】命令，将翻换后的图像水平移动至包装袋右侧，注意对齐参考线，效果如图 6-96 所示。

| 图 6-95 | 图 6-96 |

（8）选择工具箱中的椭圆工具 ，在属性栏中单击"路径"按钮，绘制一个椭圆路径，并将其编辑成一条弧形路径（用于处理包装袋上边缘的形状），效果如图 6-97 所示。

（9）按"Ctrl+Enter"组合键将路径转换为选区，选择【选择】/【修改】/【羽化】命令，在打开的对话框中设置羽化半径为 10 像素，单击"确定"按钮羽化选区。

（10）新建"图层 11"，设置前景色为白色，按"Alt+Delete"组合键填充前景色，形成包装袋上边缘的高光效果，效果如图 6-98 所示。

图 6-97

图 6-98

（11）按"Ctrl+D"组合键取消选区，按"Ctrl+J"组合键复制生成"图层 11 副本"图层，选择【编辑】/【变换】/【垂直翻转】命令，将翻换后的图像垂直向下移动至包装代下边缘，效果如 6-99 图所示。

（12）新建"图层 12"，设置前景色为青色（R:37，G:170，B:214），背景色为深青色（R:21，G:79，B:98），选择工具箱中的渐变工具 ，设置渐变类型为径向渐变，从图像中部向外进行渐变填充，效果如图 6-100 所示。

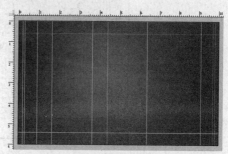

| 图 6-99 | 图 6-100 |

（13）选择【滤镜】/【纹理】/【纹理化】命令，在打开的窗口中设置纹理类型为砂岩，"缩放"为 200，"凸现"为 10，单击"确定"按钮，为背景添加纹理效果。

（14）按"Ctrl+Shift+["组合键，将"图层 12"快速向下移动至"背景"图层之上，显示出包装袋，隐藏标尺和参考线，效果如图 6-101 所示。

（15）选择"图层 1"，选择【图层】/【图层样式】/【外发光】命令，在打开的对话框中设置"混合模式"为正常，"不透明度"为 40，"颜色"为黑色，"扩展"为 20，"大小"为20，单击"确定"按钮，完成本例的制作，效果如图 6-102 所示。

图 6-101

图 6-102

6.6　课后练习

根据本章所学内容，动手完成以下实例的制作。

练习 1　制作工作证

运用创建参考线、绘制直线、钢笔工具、文字工具、描边路径、将路径转换为选区、渐变填充等制作如图 6-103 所示的工作证。

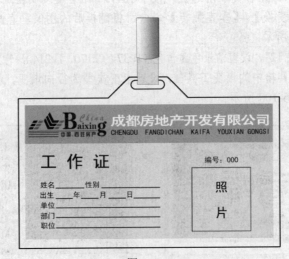

图 6-103

最终效果\第 6 章\课后练习\工作证.psd

练习 2　绘制打火机

运用钢笔工具、填充与描边路径、羽化选区、"亮度/对比度"命令等绘制如图 6-104 所示的打火机。

素材文件\第 6 章\课后练习\打火机\公司标志.psd

最终效果\第 6 章\课后练习\打火机.psd

图 6-104

练习 3　制作酒楼 VIP 卡

运用绘制路径、填充路径、描边图层样式、投影图层样式、横排文字蒙版工具等制作如图 6-105 所示的酒楼 VIP 卡。

素材文件\第 6 章\课后练习\酒楼 VIP 卡\八仙图.jpg

最终效果\第 6 章\课后练习\酒楼 VIP 卡.psd

图 6-105

练习 4　制作饮料商标

运用钢笔工具、转换点工具、转化路径并填充、"描边"命令、描边图层样式等制作一个商标图案，最终效果如图 6-106 所示。

 最终效果\第 6 章\课后练习\饮料商标.psd

图 6-106

练习 5　制作西服商标

运用水彩画纸滤镜、钢笔工具、转换点工具、多边形套索工具、将路径转换为选区、填充路径、描边图层样式、渐变叠加图层样式等制作西服商标，最终效果如图 6-107 所示。

素材文件\第 6 章\课后练习\西服商标\凤纹.psd、文字.psd

最终效果\第 6 章\课后练习\西服商标.psd

图 6-107

练习 6　制作水晶苹果

运用钢笔工具、变形变换、画笔工具、渐变工具、"光照效果"命令、"曲线"命令、"水波"命令和"亮度/对比度"命令等制作如图 6-108 所示的水晶苹果。

最终效果\第 6 章\课后练习\水晶苹果.psd

练习 7　制作夜景摩天轮

运用钢笔工具、用画笔描边路径、椭圆选框工具、渐变工具、镜头光晕效果、图层样式等制作如图 6-109 所示的夜景摩天轮。

素材文件\第 6 章\课后练习\夜景摩天轮\摩天轮.tif

最终效果\第 6 章\课后练习\夜景摩天轮.psd

图 6-108

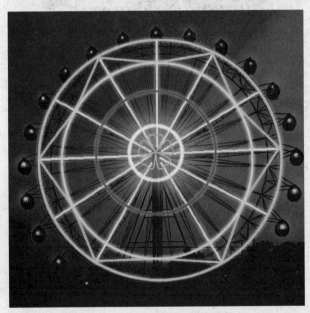

图 6-109

练习 8 制作酒店霓虹灯广告

    运用钢笔工具、画笔工具、描边路径、文字蒙版工具、外发光图层样式等制作酒店霓虹灯广告，完成后的最终效果如图 6-110 所示。

素材文件\第 6 章\课后练习\酒店霓虹灯广告\花边.jpg
最终效果\第 6 章\课后练习\酒店霓虹灯广告.psd

图 6-110

第 7 章

通道与蒙版的应用

通道和蒙版都可用于存储图像选区，每一幅图像都由多个颜色通道构成，每个颜色通道分别保存相应颜色的颜色信息，利用通道可以快速地选择图像中的某部分图像，还可以制作出多种特殊效果，而蒙版可以使被选取或指定的区域不被编辑，起到遮蔽的作用，主要用于抠图和制作特殊边缘效果。本章将结合前面所学知识，以 5 个制作实例来介绍通道和蒙版的使用知识，并将涉及部分滤镜命令与通道的结合使用。

本章学习目标：
- 制作音乐舞会海报
- 更换照片背景
- 制作玻璃水杯
- 制作金属质感标志
- 合成青春写真艺术照

7.1　制作音乐舞会海报

实例目标

本例将制作出一幅极具视觉冲击力效果的音乐舞会海报，最终效果如图 7-1 所示。

制作思路

本例的制作思路如图 7-2 所示，涉及的知识点有转换图像色彩模式、横排文字蒙版工具、"云彩"命令、"风"命令、将选区存储为通道、载入通道选区、"颜色表"命令等，其中燃烧字的制作是本例的制作重点。

最终效果\第 7 章\音乐舞会海报.psd

图 7-1

①创建选区并添加云彩效果　②在通道中编辑选区　　③制作完成的燃烧字　　④添加海报文字

图 7-2

 操作步骤

7.1.1　利用通道和滤镜制作火焰字

（1）创建一个"音乐舞会海报"图像文档，宽度与高度分别为 8 厘米和 11 厘米，分辨率为 300 像素/英寸，模式为灰度模式。

（2）按"D"键复位前景色和背景色，按"Alt+Delete"组合键填充前景色。

（3）使用横排文字蒙版工具在图像中输入如图 7-3 所示的文字选区，字体为方正行楷简体，字号为 280 点。

（4）选择【滤镜】/【渲染】/【云彩】命令，使用云彩滤镜填充后的效果如图 7-4 所示。

（5）打开"通道"面板，单击"将选区存储为通道"按钮 ，创建"Alpha 1"通道。

（6）取消选区，选择【滤镜】/【风格化】/【风】命令，在打开的"风"对话框中选中

"风"单选项和"从左"单选项,单击"确定"按钮,得到如图 7-5 所示的效果。

图 7-3   图 7-4   图 7-5

（7）选择【滤镜】/【模糊】/【高斯模糊】命令,在打开的"高斯模糊"对话框中将"半径"设为 9.1,单击"确定"按钮,得到如图 7-6 所示的效果。

（8）在"通道"面板中按住"Ctrl"键的同时单击"Alpha 1"通道,载入存储的文字选区。

（9）选择【选择】/【修改】/【收缩】命令,在打开的"收缩"对话框中设置"收缩量"为 5,然后单击"确定"按钮,收缩后的选区如图 7-7 所示。

（10）按"Ctrl+L"组合键打开"色阶"对话框,将"输入色阶"设为 23、1 和 162,单击"确定"按钮,调整色阶后的效果如图 7-8 所示。

图 7-6   图 7-7   图 7-8

（11）取消选区,选择【图像】/【模式】/【索引颜色】命令,将图像转换成索引模式,图像整体颜色会变暗,如图 7-9 所示。

（12）选择【图像】/【模式】/【颜色表】命令,在打开的"颜色表"对话框中的"颜色表"下拉列表框中选择"黑体"选项,设置如图 7-10 所示,单击"确定"按钮,得到如图 7-11 所示的火焰文字效果。

（13）选择【图像】/【模式】/【RGB 颜色】命令,将图像转换成 RGB 颜色模式。

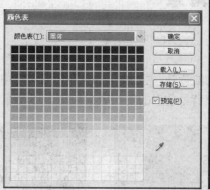

图 7-9　　　　　　　　　　　　　图 7-10　　　　　　　　　　　　　图 7-11

7.1.2　添加海报文字

（1）选择工具箱中的横排文字工具，并在属性栏中设置字体为方正行楷简体，字号为 7 点，颜色为白色，然后在图像左上角输入如图 7-12 所示的文本。

（2）单击任意工具退出文字输入状态，再次选择工具箱中的横排文字工具，在属性栏中修改字体为方正综艺简体，字号为 13 点，在左侧分两行输入海报标题"三十周年会岁　音乐舞蹈晚会"，效果如图 7-13 所示。

（3）单击任意工具退出文字输入状态，再次选择工具箱中的横排文字工具，在属性栏中修改字号为 9 点，在海报左侧输入海报的其他文字，效果如图 7-14 所示。至此，完成本例的制作。

图 7-12　　　　　　　　　　　　　图 7-13　　　　　　　　　　　　　图 7-14

提示　必须先将灰度模式转换为索引模式，然后再将索引模式转换为颜色表，这样才能制作出火焰文字效果。

7.2 更换照片背景

实例目标

本例将更换一盆景植物的背景,主要介绍如何利用通道将图像从复杂的背景中分离出来,即常说的抠图技术。更换照背景前后的对比效果如图 7-15 所示。

图 7-15

素材文件\第 7 章\更换照片背景\墙角.jpg、盆景.jpg
最终效果\第 7 章\更换照片背景.psd

制作思路

本例的制作思路如图 7-16 所示,涉及的知识点有"反相"命令、"USM 锐化"命令、在颜色通道中创建选区、画笔工具、快速蒙版、横排文字蒙版工具、图层蒙版、"色彩平衡"命令等,其中用通道和快速蒙版选取图像是本例的制作重点。

①反相后在通道中创建选区　　②用快速蒙版选取盆景　　③更换背景并调整色彩

图 7-16

 操作步骤

7.2.1 选取盆景植物

（1）打开"盆景.jpg"图像，按"Ctrl+J"组合键，复制生成"背景副本"图层，以防止由于误操作而破坏原图像。

（2）选择【图像】/【调整】/【反相】命令，将"图层 1"中的图像进行反相显示，这样可以更清晰地观察到需选取的盆景图像与背景之间的差异，效果如图 7-17 所示。

（3）选择【滤镜】/【锐化】/【USM 锐化】命令，在打开的"USM 锐化"对话框中设置"数量"为500，"半径"为1，"阈值"为0，单击"确定"按钮，使盆景的边缘更加清晰化。

（4）在"通道"调板中选择"蓝"通道，在该通道中可以比较清晰地观察到盆景的轮廓，效果如图 7-18 所示。

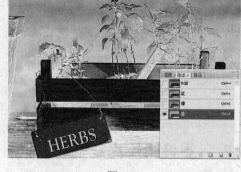

图 7-17 图 7-18

（5）使用多边形套索工具沿盆景轮廓绘制出盆景中木架所在的选区，选择"RGB"通道，按"Q"键，进入快速蒙版编辑状态，此时选区外未被选取的图像呈红色蒙版状态显示，效果如图 7-19 所示。

（6）将前景色设为白色，选择工具箱中的画笔工具，在快速蒙版中使用不同大小的画笔在未被选取的盆景图像上进行涂抹，使要选取的盆景中的植物显示出来，完成后的效果如图 7-20 所示。

（7）按"Q"键，退出快速蒙版状态，此时将精确得到盆景所在的选区，效果如图 7-21 所示。

（8）删除"背景副本"图层，选择"背景"图层，便可得到如图 7-22 所示的选区效果。

提示 蒙版分为快速蒙版、图层蒙版、矢量蒙版、剪贴蒙版等，蒙版通常和图层、通道结合在一起使用。在快速蒙版中可以设置前景色为黑色或白色来表示减少或增加选择区域。

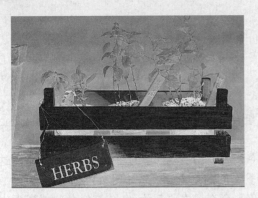

图 7-19

图 7-20

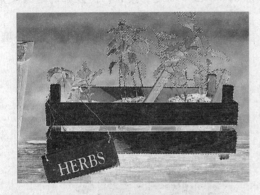

图 7-21

图 7-22

7.2.2 更换照片背景

（1）打开"墙角.jpg"图像，分别按"Ctrl+A"和"Ctrl+C"组合键，将图像全选后复制到粘贴板中。

（2）切换到"盆景"图像窗口，按"Ctrl+Shift+V"组合键，复制图像并生成蒙版图层，效果如图 7-23 所示。

（3）按住"Ctrl"键的同时单击图层蒙版缩略图，载入图像选区，效果如图 7-24 所示。

图 7-23

图 7-24

（4）按"Ctrl+Shift+I"组合键将选区反选，按"Ctrl+J"组合键复制生成"图层 2"，并将复制的图层上移到最顶层，此时隐藏蒙版图层，便可查看到已更换了背景，效果如图 7-25 所示。

（5）按"Ctrl+B"组合键，在打开的"色彩平衡"对话框中选中"中间调"单选项，设置"色阶"值为-33、40 和 0，单击"确定"按钮，增强复制图层中图像的绿色和青色。

（6）双击复制生成的"图层 2"，在打开的"图层样式"对话框中选中"投影"复选框，进行如图 7-26 所示的参数设置，单击"确定"按钮添加投影效果。

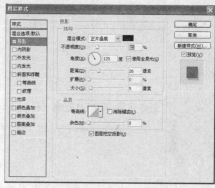

图 7-25　　　　　　　　　　　　　　　　　　　　　　图 7-26

（7）选择【图层】/【合并可见图层】命令，将所有图层合并到背景图层中。

（8）选择【滤镜】/【杂色】/【蒙尘与划痕】命令，在打开的对话框中进行如图 7-27 所示的参数设置，单击"确定"按钮，去除图像中的部分杂色。

（9）选择【滤镜】/【锐化】/【USM 锐化】命令，在打开的对话框中进行如图 7-28 所示的参数设置，单击"确定"按钮，可以使图像细节更清晰。至此，完成本例的制作。

图 7-27　　　　　　　　　　　　　　　　　　　　　　图 7-28

提示　抠图的方法较多，利用通道可以精确抠出图像中的细节，如头发丝等。其一般方法是先选择一个颜色对比较大的通道，然后通过【色彩】/【调整】下的色调命令强化图像与背景之间的对比度，最后通过选区工具或命令，或快速蒙版来精确绘制选区。

225

7.3   制作玻璃水杯

实例目标

　　本例将运用通道、滤镜和图层的相关操作，绘制一个逼真的玻璃水杯，完成后的最终效果如图 7-29 所示。

最终效果\第 7 章\玻璃水杯.psd

图 7-29

制作思路

　　本例的制作思路如图 7-30 所示，涉及的知识点有椭圆选框工具、椭圆工具、"光照效果"命令、"高斯模糊"命令、"收缩"命令、"描边"命令、横排文字工具、添加图层蒙版以及新建 Alpha1 通道、复制 Alpha1 通道、载入 Alpha1 通道选区等，其中利用通道制作水杯的边缘和添加水杯高光效果是本例的制作重点。

①绘制出大致轮廓　　②制作边缘　　③绘制杯口与杯底　　④添加高光反射　　⑤添加投影

图 7-30

操作步骤

7.3.1　绘制杯子外形

（1）新建一个"玻璃水杯"图像文件，宽度设置为 12 厘米，高度设置为 17 厘米，模式设置为 RGB 颜色。

（2）选择【滤镜】/【渲染】/【光照效果】命令，在打开的对话框中设置光照类型的颜色 RGB 值为"R:7，G:38，B:194"，其他参数设置如图 7-31 所示，单击"确定"按钮。

（3）新建一个"图层 1"，选择工具箱中的椭圆工具，在属性栏中单击填充像素按钮，将前景色的颜色 RGB 值设置为"R:7，G:38，B:194"，在"图层 1"中绘制一个椭圆，效果如图 7-32 所示。

（4）复制"图层 1"生成"图层 1 副本"图层，选择移动工具并按"Shift"键不放向下移动到合适位置，按"Ctrl+T"组合键对复制的图形进行缩小，效果如图 7-33 所示。

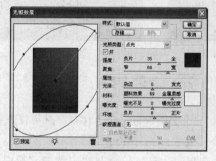　　

图 7-31　　　　　　　　　　图 7-32　　　　　　　　　图 7-33

（5）新建一个"图层 2"，使用矩形选框工具任意绘制一个矩形选区，对其进行前景色填充，然后按"Ctrl+T"组合键变换图形，并结合前面绘制的上下两个椭圆，变换为一个杯子的外形，效果如图 7-34 所示。

（6）合并 3 个图层为"图层 1"，按住"Ctrl"键的同时单击"图层 1"，载入"图层 1"的选区。

（7）切换到"通道"面板，单击"将选区存储为通道"按钮，新建"Alpha1"通道，选择"Alpha1"通道后的效果如图 7-35 所示。

图 7-34　　　　　　　　　　　　图 7-35

（8）将"Alpha1"通道拖动至"创建新通道"按钮 上，复制生成"Alpha1 副本"通道，选择工具箱中的橡皮擦工具 ，将 "Alpha1 副本"通道中的图像擦除成如图 7-36 所示的效果。

（9）选择"Alpha1"通道，用橡皮擦工具 将"Alpha1"通道中的图像擦除成如图所 7-37 示的效果。

（10）新建一个"图层 2"，隐藏"图层 1"，切换到"通道"面板，选择"Alpha1 副本"通道，单击"将通道作为选区载入"按钮 ，载入"Alpha1 副本"通道中的选区，切换到"图层"面板，对"图层 2"进行白色填充，效果如图 7-38 所示。

图 7-36

图 7-37

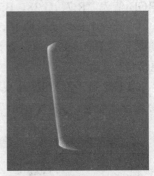
图 7-38

（11）使用同样的方法载入"Alpha1"通道中的选区，并在"图层 2"中填充杯子的右边形状，得到如图 7-39 所示的效果。

（12）新建一个"图层 3"，用椭圆选框工具绘制一个椭圆选区，作为杯口，选择【选择】/【变换选区】命令，调整选区到合适的位置及大小，效果如图 7-40 所示。

（13）选择【编辑】/【描边】命令，设置颜色为白色，在"位置"栏中选中"居中"单选项，单击"确定"按钮，得到杯口的线条效果，如图 7-41 所示。

图 7-39

图 7-40

图 7-41

（14）复制"图层 3"，生成"图层 3 副本"图层，按"Ctrl+T"组合键进行变换，将其缩小后移至杯底适当位置，调整好大小后的效果如图 7-42 所示。

（15）选择【滤镜】/【模糊】/【高斯模糊】命令，在打开的对话框中设置模糊半径为 1，单击"确定"按钮对杯底进行模糊处理。

（16）选择"图层 3"，选择工具箱中的橡皮擦工具 ，在属性栏中设置"不透明度"为25，"流量"为 25，多次擦拭杯口不属于高反光的部分，从而体现出杯口高光，完成杯子外形的绘制，效果如图 7-43 所示。

图 7-42

图 7-43

7.3.2　添加水波和高光效果

（1）在"通道"面板中单击"创建新通道"按钮 ，新建一个"Alpha2"通道，此时"Alpha2"通道将自动切换为当前通道并隐藏其他颜色通道的显示，单击打开"绿"通道的可见性 ，显示出杯子的轮廓。

（2）使用椭圆工具绘制一个椭圆图形，其大小位于杯子两侧之间，然后选择【滤镜】/【扭曲】/【水波】命令，设置参数如图 7-44 所示，单击"确定"按钮。

（3）按"Ctrl+F"组合键重复执行两次水波滤镜，选择【滤镜】/【模糊】/【高斯模糊】命令，在打开的对话框中设置"模糊半径"为 0.5，单击"确定"按钮，得到如图 7-45 所示的效果。

（4）单击"将通道作为选区载入"按钮 ，载入"Alpha2"通道选区，返回"图层"面板，新建一个"图层 4"，选择前景色为白色然后进行填充，得到如图 7-46 所示的效果。

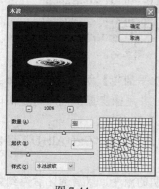
图 7-44

图 7-45

图 7-46

（5）新建"图层 5"，按住"Ctrl"键不放的同时单击"图层 1"载入其选区，使用椭圆选框工具减去水波以上的选区，只保留杯子下半部分选区，按"Ctrl+Alt+D"组合键，设置"羽化半径"为 1，然后将选区填充为白色，将"图层 5"的不透明度设置为 15%，得到如图 7-47 所示效果。

（6）取消选区，使用多边形套索工具在杯子上绘制出一个沿杯口到杯底的长条选区，作为高光区域，然后新建一个"图层 6"，对选区进行白色填充，效果如图 7-48 所示。

图 7-47   图 7-48

（7）按"Ctrl+D"组合键取消选区，单击"图层"面板下方的"添加图层蒙版"按钮，为该图层添加蒙版，选择工具箱中的渐变工具，设置渐变色为由黑到白的线性渐变，在蒙版中进行拖动渐变，得到如图 7-49 所示的渐变效果。

（8）复制"图层 6"，生成"图层 6 副本"图层，按"Ctrl+T"组合键移动并调整高光图像的大小，调整后的效果如图 7-50 所示。

图 7-49   图 7-50

（9）再次复制"图层 6"，然后选择【编辑】/【变换】/【水平翻转】命令，使用移动工具调整复制的图像位置及大小，将其移至杯子右侧作为其高光，并用橡皮擦工具对超过杯口的图像进行擦除，完成后设置图层不透明度为 75%，效果如图 7-51 所示。

（10）按住"Ctrl"键的同时单击"图层 5"，载入该图层的选区，按"Ctrl+Alt+D"组合键，在打开的对话框中设置"羽化半径"为 10。

（11）新建一个"图层 7"，使用渐变工具设置为由白到透明的渐变，取消选区后得到如图 7-52 所示的效果。

图 7-51　　　　　　　　　　　　　　图 7-52

（12）选择 "图层 3 副本" 图层，选择工具箱中的橡皮擦工具，在属性栏中降低橡皮擦的不透明度和流量，对 "图层 3 副本" 图层中不属于高反光的部分进行减淡擦除。

（13）选择【编辑】/【描边】命令，设置 "大小" 为 8，位置设置为居中，描边后按 "Ctrl+T" 组合键调整图像大小及位置，加强杯底的厚度，效果如图 7-53 所示。

（14）新建一个 "图层 8"，选择工具箱中的画笔工具，在属性栏中选择☒星形放射画笔，设置前景色为白色，在图像中杯口的高反光地方绘制如图 7-54 所示的星光效果。

（15）新建一个 "图层 9"，将其拖动到 "背景" 图层上方，用椭圆选框工具绘制出投影选区，然后填充颜色为白色，将选区进行高斯模糊，得到如图 7-55 所示的效果，至此，完成本例的制作。

图 7-53　　　　　　　　　　图 7-54　　　　　　　　　　图 7-55

7.4　制作金属质感标志

实例目标

本例将制作带有金属质感的机构标志效果，掌握综合利用通道、滤镜、路径和图层制作带有金属质感的图像的方法，完成后的最终效果如图 7-56 所示。

图 7-56

 最终效果\第 7 章\金属质感标志.psd

制作思路

本例的制作思路如图 7-57 所示，涉及的知识点有钢笔工具、网状滤镜、高斯模糊滤镜、光照效果滤镜、"色彩平衡"命令、"曲线"命令、沿路径输入文字、Alpha 通道的使用等，其中在通道中利用滤镜处理图像是本例的制作重点。

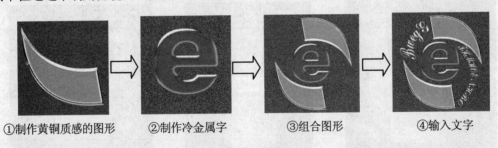

①制作黄铜质感的图形　　②制作冷金属字　　　③组合图形　　　　④输入文字

图 7-57

操作步骤

7.4.1 制作黄色金属质感图形

（1）新建"金属质感标志"图像文件，设置图像大小为 600 像素×600 像素。设置前景色为蓝色（R:29，G:156，B:255），按"Alt+Delete"组合键填充前景色。

（2）设置前景色为红色（R:255，G:0，B:0），背景色为白色。选择【滤镜】/【素描】/【网状】命令，在打开的对话框中保持所有参数为默认，单击"确定"按钮，得到如图 7-58 所示的背景纹理。

（3）设置前景色为灰色（R:164，G:164，B:164），新建"图层 1"，使用钢笔工具 绘制一个牛角形封闭路径，并用前景色填充路径，效果如图 7-59 所示。

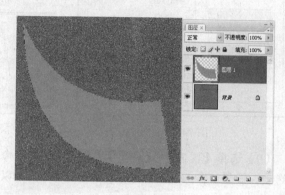

图 7-58   图 7-59

（4）按"Ctrl+Enter"组合键将路径转换为选区，单击"通道"面板底部的"将选区存储为通道"按钮 ，创建"Alpha1"通道，然后选择该通道，效果如图 7-60 所示。

（5）选择【滤镜】/【模糊】/【高斯模糊】命令，在打开的对话框中设置"半径"为 7，单击"确定"按钮。

（6）按照步骤（5）的操作方法，再对"Alpha1"通道应用 3 次高斯模糊滤镜，并分别设置模糊的半径分别为 4、2 和 1，按"Ctrl+D"组合键取消选区，得到如图 7-61 所示的效果。

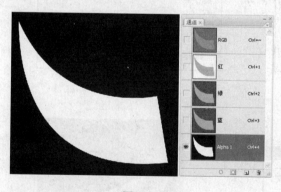

图 7-60   图 7-61

（7）选择"图层 1"，选择【滤镜】/【渲染】/【光照效果】命令，在打开的对话框中设置"光照类型"为平行光，"纹理通道"为 Alpha1，在预览框中拖动调整好光照范围，设置参数如图 7-62 所示，单击"确定"按钮。

（8）选择【图像】/【调整】/【曲线】命令，在打开的"曲线"对话框的曲线调整框中添加 4 个调整点，并分别调整到如图 7-63 所示的位置，单击"确定"按钮。此时图像已具有了金属质感，效果如图 7-64 所示，接下来只需对其色彩进行调整即可。

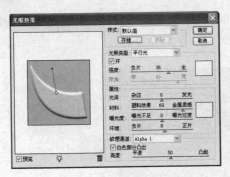

图 7-62   图 7-63   图 7-64

（9）选择【图像】/【调整】/【色彩平衡】命令，在打开的对话框中选中"阴影"单选项，设置"输入色阶"分别为-20、56 和 0，以增加青色和绿色，设置参数如图 7-65 所示。

（10）选中"中间调"单选项，设置"输入色阶"分别为 100、0 和-100，以增加黄色和红色，设置参数如图 7-66 所示。

（11）选中"高光"单选项，设置"输入色阶"分别为 40、0 和-40，以增加黄色和红色，设置参数如图 7-67 所示。

（12）单击"确定"按钮，得到金黄色的金属质感图形效果，效果如图 7-68 所示。

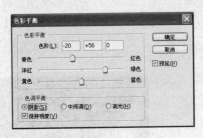

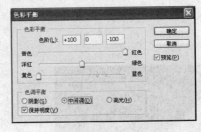

图 7-65   图 7-66

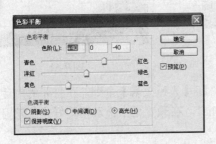

图 7-67   图 7-68

7.4.2　制作蓝色金属质感"e"

（1）隐藏"图层 1"的显示，用横排文字工具输入字母 e，设置字体为 Swis721 BlkEx BT，字号为 130 点，颜色为灰色（R:164，G:164，B:164），效果如图 7-69 所示。

（2）选择【图像】/【栅格化】/【文字】命令，然后载入 "e" 图层中的文字选区，单击 "通道" 面板底部的 "将选区存储为通道" 按钮，创建 Alpha2 通道，并选择该通道，效果如图 7-70 所示。

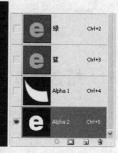

图 7-69   图 7-70

（3）重复前面处理牛角图形的方法进行模糊处理，连续 4 次选择【滤镜】/【模糊】/【高斯模糊】命令，在打开的对话框中设置 "半径" 分别为 7、4、2 和 1，对 Alpha2 通道中的图像进行模糊处理，效果如图 7-71 所示。

（4）选择图层 "e"，选择【滤镜】/【渲染】/【光照效果】命令，在打开的对话框中设置 "纹理通道" 为 Alpha2，在预览框中拖动调整好光照范围，单击 "确定" 按钮，设置参数如图 7-72 所示。

图 7-71   图 7-72

（5）选择【图像】/【调整】/【曲线】命令，在打开对话框的曲线调整框中添加 4 个调整点，并分别调整到如图 7-73 所示的形状与位置，单击 "确定" 按钮，得到如图 7-74 所示的金属质感效果。

（6）选择【图像】/【调整】/【色相/饱和度】命令，选中 "着色" 复选框，设置 "色相" 为 230，"饱和度" 为 30，单击 "确定" 按钮，使图像变成蓝色金属质感效果，如图 7-75 所示。

 提示 通道分为颜色通道和新创建的 Alpha 通道两种，不同色彩模式的图像，其颜色通道的数量和名称也不相同，如 RGB 模式的图像文件在 "通道" 面板中将显示红、绿、蓝 3 个通道。

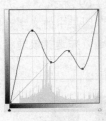

图 7-73   图 7-74   图 7-75

7.4.3   组合标志

（1）显示"图层 1"，对其进行适当缩小变换和旋转变换，并将其移动至字母"e"的底部右侧位置，如图 7-76 所示。

（2）按"Ctrl+J"组合键复制生成"图层 1 副本"图层，选择【编辑】/【变换】/【水平翻转】命令，再选择【编辑】/【变换】/【垂直翻转】命令，将复制的图像移至如图 7-77 所示的位置。

图 7-76   图 7-77

（3）使用钢笔工具 在"e"图形左上方空隙处绘制一条弧形路径，选择工具箱中的横排文字工具 ，在属性栏中设置字体为 Comm ercialScrDEE，字号为 18 点，颜色为白色，在路径上单击输入"BwegG"文本，如图 7-78 所示。

（4）按照步骤（3）的操作方法，在字母"e"右下侧绘制一条弧形路径，设置字号为12 点，然后输入"THMHOE NHBO"文本，效果如图 7-79 所示。至此，完成本例的制作。

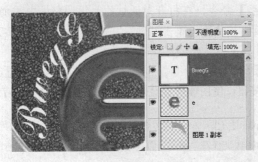

图 7-78   图 7-79

7.5　合成青春写真艺术照

实例目标

　　本例将根据提供的 3 张照片素材和两张背景图像，将其利用蒙版快速合成一张青春写真艺术照，最终效果如图 7-80 所示。

　　素材文件\第 7 章\青春写真艺术照\背景.tif、烛光.tif、女孩 1.tif~女孩 3.tif
　　最终效果\第 7 章\青春写真艺术照.psd

图 7-80

制 作 思 路

　　本例的制作思路如图 7-81 所示，涉及的知识点有图层蒙版、画笔工具、自由变换、文字工具等，其中图层蒙版的使用是本例的制作重点。

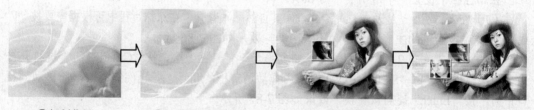

①复制背景　　　②用蒙版合成背景　　　③导入照片素材　　　④添加文字

图 7-81

操 作 步 骤

　　（1）打开"背景.tif"素材文件，按"Ctrl+J"组合键复制生成"图层 1"，设置"图层 1"的图层混合模式为正片叠底，效果如图 7-82 所示。

　　（2）打开"烛光.tif"素材文件，按住"Ctrl"键的同时，拖动图像到"背景"文件中，生成"图层 2"，调整好大小及位置后的效果如图 7-83 所示。

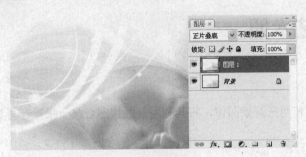

图 7-82   图 7-83

（3）单击"图层"面板下方的"添加图层蒙版"按钮，为"图层2"添加蒙版。

（4）选择工具箱中的画笔工具，在属性栏中选择柔角250像素画笔，在烛光边缘涂抹，使其融入背景，效果如图7-84所示。

（5）打开"女孩1.tif"素材文件，按住"Ctrl"键的同时，拖动图像到"背景"文件右侧，生成"图层3"，调整好大小及位置后的效果如图7-85所示。

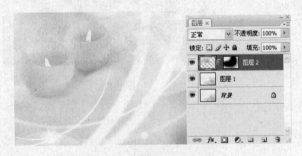 

图 7-84   图 7-85

（6）单击"添加图层蒙版"按钮，为"图层3"添加蒙版，选择工具箱中的画笔工具，在属性栏中设置"不透明度"为60%。

（7）在人物图像边缘及背景处涂抹，使其自然融入背景，在涂抹过程中可根据需要按"["或"]"键调节画笔的主直径大小和不透明度，效果如图7-86所示。

（8）打开"女孩2.tif"素材文件，将其拖动至背景图像中，按"Ctrl+T"组合键打开自由变换调节框，按住"Shift"键的同时向内拖动调节框的角点，等比例缩小图形并移动到窗口中间，按"Enter"键确认变换，效果如图7-87所示。

图 7-86   图 7-87

（9）选择【图层】/【图层样式】/【描边】命令，在打开的"图层样式"对话框中设置

"大小"为 5，"位置"为内部，"颜色"为白色，然后选中左侧的"投影"复选框，使用默认参数设置，单击"确定"按钮，得到如图 7-88 所示的效果。

（10）按相同方法导入"女孩 3.tif"素材图片，等比例缩小图像后，添加描边和投影图层样式，效果如图 7-89 所示。

图 7-88　　　　　　　　　　　　　　　　图 7-89

（11）新建"图层 6"，用矩形选框工具绘制一个长条矩形选区，按"Ctrl+Delete"组合键填充为白色，效果如图 7-90 所示。

（12）设置"图层 6"的不透明度为"40%"，按"Ctrl+J"组合键复制 3 个白色矩形，并分别移动到合适的位置，调整好大小，完成后的效果如图 7-91 所示。

图 7-90　　　　　　　　　　　　　　　　图 7-91

（13）选择工具箱中的横排文字工具 T，在属性栏中可根据需要设置不同的字体、字号和文本颜色，然后在窗口中输入文本作为点缀，效果如图 7-92 所示。至此，完成本例的制作，将文件另存为"青春写真艺术照.psd"。

图 7-92

7.6　课后练习

根据本章所学内容，动手完成以下实例的制作。

练习 1　制作降阶优惠券

运用创建通道、直排文字工具、喷溅滤镜、云彩滤镜、查找边缘滤镜、"阈值"命令、"反相"命令、载入通道选区等为优惠券添加一个印章效果，最终效果如图 7-93 所示。

 素材文件\第 7 章\课后练习\降阶优惠券\优惠券.jpg
最终效果\第 7 章\课后练习\降阶优惠券.psd

图 7-93

练习 2　制作黄金字

本练习将输入"剑侠"文字后栅格化为普通文字，再将文字选区存储为通道，然后运用高斯模糊滤镜、光照效果滤镜、"曲线"命令、"色彩平衡"命令、复制图层、外发光图层样式等制作黄金字效果，最终效果如图 7-94 所示。

素材文件\第 7 章\课后练习\黄金字\游戏背景.jpg
最终效果\第 7 章\课后练习\黄金字.psd

图 7-94

练习 3 制作图案海报字

运用魔棒工具、选区转换为路径、创建矢量蒙版、移动工具等将图案填充到海报文字选区中,最终效果如图 7-95 所示。

素材文件\第 7 章\课后练习\图案海报字\海报.jpg、图案.jpg
最终效果\第 7 章\课后练习\图案海报字.psd

提示 选择【图层】/【矢量蒙版】/【当前路径】命令,可以创建矢量蒙版,创建后在"图层"面板中形状图层有两个缩略图,左侧为图层缩略图,右侧为矢量蒙版缩略图。

图 7-95

练习 4　用通道美白人物脸庞

　　本练习将对一幅照片进行美白处理，分别对绿、蓝、红通道运用"亮度/对比度"命令进行调节，然后在 RGB 通道中运用模糊工具、减淡工具等进行细节处理，处理前后的对比效果如图 7-96 所示。

图 7-96

素材文件\第 7 章\课后练习\美白人物\小女孩.jpg
最终效果\第 7 章\课后练习\美白后的效果.psd

练习 5　制作波浪相框

运用"绘画涂抹"命令、快速蒙版、"波浪"命令、斜面和浮雕图层样式、"收缩"命令等制作波浪相框，最终效果如图 7-97 所示。

素材文件\第 7 章\课后练习\波浪相框效果\花朵.tif
最终效果\第 7 章\课后练习\波浪相框效果.psd

图 7-97

练习 6　用通道处理偏色照片

利用通道进行可以进行调色处理，本练习将先运用"色阶"命令对一幅偏色照片的红、绿通道进行调整，对"蓝"通道执行"应用图像"命令，最后对 RGB 复合通道执行"色彩平衡"命令进行调整，调整前后的照片对比效果如图 7-98 所示。

素材文件\第 7 章\课后练习\处理偏色照片\偏色照片.tif
最终效果\第 7 章\课后练习\处理偏色照片.psd

图 7-98

练习 7　制作黑白艺术照效果

运用画笔工具、快速蒙版、"黑白"命令、描边图层样式、"高斯模糊"命令等制作黑白与单色搭配的艺术照片效果，最终效果如图 7-99 所示。

素材文件\第 7 章\课后练习\黑白艺术照\照片.tif

最终效果\第 7 章\课后练习\黑白艺术照.psd

图 7-99

练习 8　制作沙滩字

运用路径工具、将选区存储为通道、新建 Alpha1 通道、载入通道选区、"扩散亮光"命令、"添加杂色"命令以及斜面和浮雕图层样式等制作将文字与图案写在沙滩上的效果，其最终效果如图 7-100 所示。

　　素材文件\第 7 章\课后练习\沙滩字\沙滩.tif
　　最终效果\第 7 章\课后练习\沙滩字.psd

图 7-100

第8章

滤镜特效的应用

Photoshop 中提供了多达十几种类型的上百个滤镜，使用每一种滤镜都可以制作出不同的图像效果，还可将多个滤镜叠加使用，这样可以制作出更多的特殊图像效果。结合前面所学知识，本章将以 10 个制作实例来介绍滤镜在广告作品设计、文字特效、艺术绘图效果和图像特效中的应用。

本章学习目标：
- 制作菜品店内宣传 POP
- 制作书签
- 制作积雪字
- 制作金属字
- 制作素描画
- 制作水彩画
- 制作飘雪特效
- 制作闪电特效
- 制作水中倒影效果
- 制作豹皮特效

8.1 制作菜品店内宣传 POP

实例目标

本例将运用滤镜制作宣传 POP 的纹理背景，然后添加相关素材和文字内容，从而完成一幅菜品店内宣传 POP 的制作，最终效果如图 8-1 所示。

制作思路

本例的制作思路如图 8-2 所示，涉及的知识点有龟裂缝滤镜、水波滤镜、云彩滤镜、纤维滤镜、晶格化滤镜、直线工具、直排文字工具、快速蒙版等，其中运用滤镜制作 POP 背景是本例的重点。

素材文件\第 8 章\菜品店内宣传 POP\汤煲.jpg
最终效果\第 8 章\菜品店内宣传 POP.psd

图 8-1

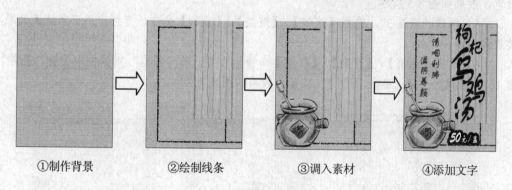

①制作背景　　　②绘制线条　　　③调入素材　　　④添加文字

图 8-2

8.1.1　利用滤镜制作纹理背景

（1）新建"菜品店内宣传 POP"图像文件，设置图像大小为 9 厘米 × 12 厘米，按 "Ctrl+R"组合键显示标尺，并分别拖动标尺创建如图 8-3 所示的水平和垂直参考线。

（2）设置前景色为黄色（R:203，G:206，B:163），按"Alt+Delete"组合键填充前景色，然后新建"图层 1"，按"Alt+Delete"组合键填充前景色。

（3）选择【滤镜】/【纹理】/【龟裂缝】命令，在打开的"龟裂缝"对话框中设置"裂缝间距"、"裂缝深度"和"裂缝亮度"分别为 15、6 和 9，参数设置如图 8-4 所示，单击"确定"按钮应用滤镜效果。

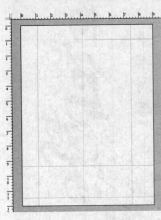

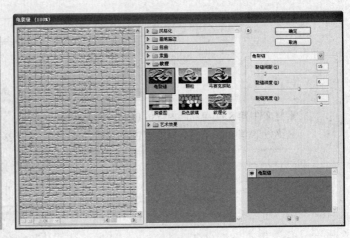

图 8-3   图 8-4

（4）设置"图层 1"的不透明度为 30%，新建"图层 2"，设置前景色为青色（R188，G226，B205），使用矩形选框工具▣沿参考线绘制矩形选区，按"Alt+Delete"组合键填充前景色，效果如图 8-5 所示。

（5）新建"图层 3"，选择【滤镜】/【渲染】/【云彩】命令，直接应用云彩滤镜效果，效果如图 8-6 所示。

（6）选择【滤镜】/【渲染】/【纤维】命令，在打开的"纤维"对话框中设置"差异"为 16，"强度"为 4，单击"确定"按钮，效果如图 8-7 所示。

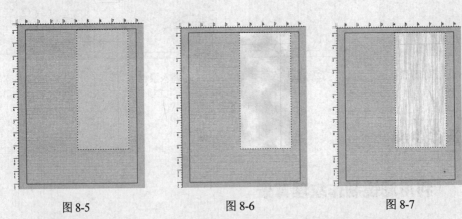

图 8-5   图 8-6   图 8-7

（7）按"Ctrl+D"组合键取消选区，将"图层 3"的图层混合模式设置为"线性加深"，不透明度设置为 50%，参数设置如图 8-8 所示。

（8）新建"图层 4"，设置前景色为青色（R143，G161，B113），选择工具箱中的直线工具╲，在属性栏中单击"填充像素"按钮，设置粗细为 7px，按住"Shift"键连续绘制如图 8-9 所示的 5 条直线。

（9）选择【滤镜】/【扭曲】/【水波】命令，在打开的"水波"对话框中设置"数量"为 10，"起伏"为 5，参数设置如图 8-10 所示，单击"确定"按钮，直线将产生水波扭曲效果，效果如图 8-11 所示。

（10）新建"图层 5"，在扭曲的直线左侧绘制如图 8-12 所示的矩形选区。

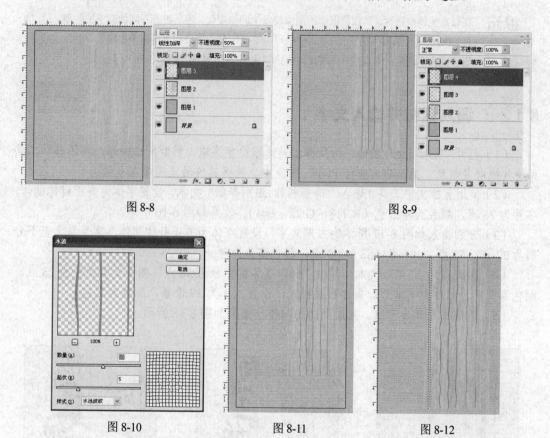

图 8-8　　　　　　　　　　　　　　　　　图 8-9

图 8-10　　　　　　图 8-11　　　　　　图 8-12

（11）按"Q"键进入快速蒙版编辑状态，选择【滤镜】/【像素化】/【晶格化】命令，在打开的"晶格化"对话框中设置"单元格大小"为 10，参数设置如图 8-13 所示，单击"确定"按钮应用滤镜。

（12）按"Q"键退出快速蒙版，将选区填充为青色，效果如图 8-14 所示。

（13）取消选区后，继续按照步骤（10）和步骤（11）的操作方法制作如图 8-15 所示的边缘不规则线条图形，填充颜色分别为青色和黑色，完成 POP 背景的制作。

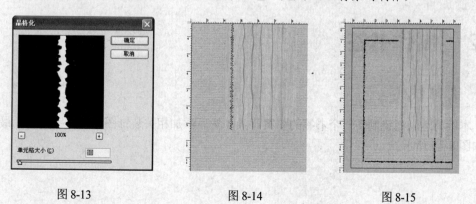

图 8-13　　　　　　图 8-14　　　　　　图 8-15

8.1.2 调入素材并输入文字

（1）打开"汤煲.jpg"图像，用魔棒工具选取白色区域，然后反选图形，再用移动工具将其拖动复制到"菜品店内宣传 POP"图像中，并将其移动至图像左下侧。

（2）使用直排文字工具 输入"清咽利肺 滋阴养颜"文本，设置字体为方正舒体简体，字号为 26 点，颜色为暗红色（R:118，G:22，B:4），效果如图 8-16 所示。

（3）分别输入如图 8-17 所示的主题文字，设置字体为方正舒体简体，字号从上至下分别为 72 点、55 点、107 点、88 和 89 点，颜色都为黑色。

（4）输入"50 元/盅"文本，其中"50"文本的字号为 38 点，剩下文本字号为 23 点，颜色为白色，然后为文本添加描边图层样式，设置大小为 29 像素，颜色为黑色。

（5）隐藏标尺和参考线，完成实例的制作，效果如图 8-18 所示。

图 8-16   图 8-17   图 8-18

8.2 制作书签

实例目标

本例将运用滤镜制作一个书签的图案背景，然后添加相关装饰图形和文字内容，最终效果如图 8-19 所示。

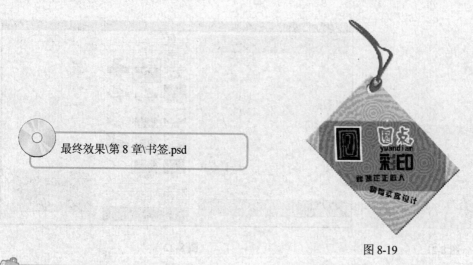

最终效果\第 8 章\书签.psd

图 8-19

制作思路

本例的制作思路如图 8-20 所示，涉及的知识点有半调图案滤镜、晶格化滤镜、椭圆选框工具、横排文字工具、钢笔工具、图层样式的应用等，其中运用滤镜制作圆形底纹和图层样式的使用是本例的制作重点。

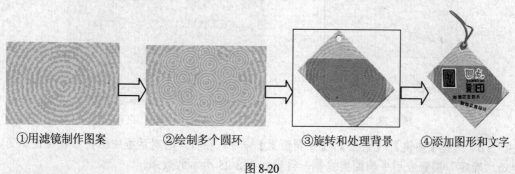

①用滤镜制作图案　　②绘制多个圆环　　③旋转和处理背景　　④添加图形和文字

图 8-20

操作步骤

8.2.1　制作书签的图案背景

（1）新建一个"书签"图像文档，宽度、高宽、分辨率、色彩模式的背景内容分别为10 厘米、7 厘米、300 像素/英寸和 RGB。

（2）新建"图层 1"，设置前景色为绿色（R:138，G:196，B:50），背景色为嫩黄色（R:226，G:249，B:115），选择【滤镜】/【渲染】/【云彩】命令，填充后的背景效果如图 8-21 所示。

（3）选择【滤镜】/【素描】/【半调图案】命令，在打开的"半调图案"对话框中设置参数如图 8-22 所示，然后单击"确定"按钮应用滤镜。

图 8-21   图 8-22

（4）选择【滤镜】/【像素化】/【晶格化】命令，在打开的"晶格化"对话框中设置参数如图 8-23 所示，然后单击"确定"按钮应用滤镜。

（5）使有椭圆选框工具绘制如图 8-24 所示的圆形选区。

图 8-23   图 8-24

（6）选择【滤镜】/【素描】/【半调图案】命令，在打开的对话框中保持参数设置不变，单击"确定"按钮应用半调图案滤镜，得到如图 8-25 所示的效果。

（7）按照步骤（5）和步骤（6）的操作方法，分别绘制多个圆形选区并应用半调图案滤镜，得到如图 8-26 所示的效果。

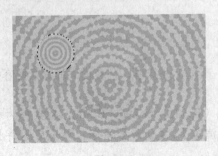

图 8-25   图 8-26

（8）对"图层 1"中的图像进行旋转变换操作，旋转的角度为 45°。

（9）新建"图层 2"，并将其混合模式设置为"线性加深"，然后绘制一个矩形选区并填充为前景色，效果如图 8-27 所示。

（10）载入"图层 1"中的选区，按"Ctrl+Shift+I"组合键将选区反转，确认"图层 2"为当前图层，按"Delete"键删除选区内的图像。

（11）按"Ctrl+E"组合键合并"图层 2"到"图层 1"中，在图像上方绘制一个小圆形选区，并删除选区内的图像，然后取消选区。

（12）为"图层 1"添加"斜面和浮雕"图层样式，保持默认参数即可，完成书签背景的制作，效果如图 8-28 所示。

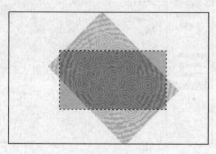　　　　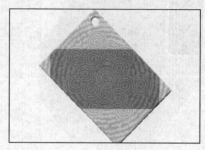

图 8-27　　　　　　　　　　　　　　　图 8-28

提示　云彩滤镜是随机使用前景色和背景色混合填充图像，得到一种云雾状填充效果，在应用该滤镜前必须先设置好前景色和背景色。

8.2.2　绘制图形并添加文字

（1）新建"图层 2"，绘制两个大小不同的矩形选区，并分别填充为白色和黑色，效果如图 8-29 所示。

（2）设置前景色为红色，并使用画笔工具在黑色填充区域绘制如图 8-30 所示的环绕形图像效果。

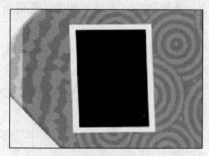　　　　

图 8-29　　　　　　　　　　　　　　　图 8-30

（3）使用横排文字工具在图像中分别输入如图 8-31 所示的文本，并对各文字的位置进行调整，其中"圆点"文本的字体为文鼎中特广告体、红色，其他文字的字体为方正综艺简体、黑色。

（4）双击"圆点"所在的文本图层，为其添加描边图层样式，描边的颜色为白色，其他参数设置如图 8-32 所示，单击"确定"按钮，效果如图 8-33 所示。

（5）将"彩印"文本所在图层栅格化为普通图层，使用魔棒工具分别选择"彩"字右侧的 3 个撇所在选区，并将它们分别填充为紫色、红色和蓝色，效果如图 8-34 所示。

图 8-31

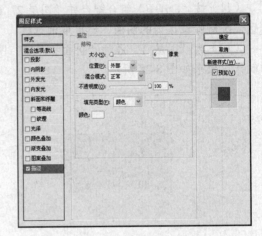

图 8-32

图 8-33

图 8-34

（6）新建"图层 3"，使用钢笔工具绘制如图 8-35 所示的类似丝带外形的封闭路径，并用红色填充路径。

（7）选择橡皮擦工具，设置为不同大小的画笔，擦除部分红色填充图像，得到如图 8-36 所示的效果。

（8）为"图层 3"添加斜面和浮雕图层样式，保持默认参数，即可完成本例书签的制作。

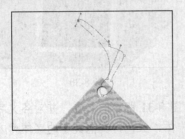

图 8-35

图 8-36

8.3　制作积雪字

实例目标

本例将综合运用滤镜、图层和通道制作最终效果如图 8-37 所示的积雪字。

素材文件\第 8 章\积雪字\雪人.psd
最终效果\第 8 章\积雪字.psd

图 8-37

制作思路

本例的制作思路如图 8-38 所示，涉及的知识点有纹理化滤镜、风滤镜、高斯模糊滤镜、"色阶"命令、斜面和浮雕图层样式以及通道的应用等，其中风滤镜和通道的应用是本例的制作重点。

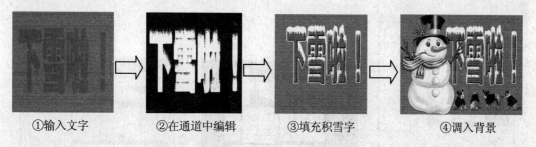

①输入文字　　　　②在通道中编辑　　　　③填充积雪字　　　　④调入背景

图 8-38

操作步骤

（1）新建"积雪字"图像，设置图像大小为 800 像素 × 600 像素，设置前景色为灰色（R:118，G:110，B:113），按"Alt+Delete"组合键填充前景色。

（2）选择【滤镜】/【纹理】/【纹理化】命令，在打开的对话框中设置"缩放"为 50，"凸现"为 2，单击"确定"按钮，为背景图层添加纹理效果。

（3）用横排文字工具输入"下雪啦!"文本，设置字体为方正超粗黑简体，字号为 30 点，颜色为绿色（R:0，G:149，B:21），通过变换将文字沿垂直和水平方向拉长。

（4）选择【图层】/【图层样式】/【斜面和浮雕】命令，在打开的对话框中设置"深度"为200，"大小"为8，选中"纹理"复选框，设置"缩放"为1，"深度"为30，单击"确定"按钮，效果如图8-39所示。

（5）按住"Ctrl"键不放的同时单击文字图层缩略图，载入文字选区，单击"通道"面板中的"将选区存储为通道"按钮，生成Alpha1通道，取消选区后选择Alpha1通道，如图8-40所示。

图8-39 图8-40

（6）选择【图像】/【旋转画布】/【90度（顺时针）】命令，旋转画布后选择【滤镜】/【风格化】/【风】命令，在打开的"风"对话框中选中"从左"单选项，参数设置如图8-41所示。单击"确定"按钮，效果如图8-42所示。

（7）按"Ctrl+F"组合键，再应用一次风滤镜。

（8）选择【滤镜】/【模糊】/【高斯模糊】命令，在打开的"高斯模糊"对话框中设置"半径"为3，参数设置如图8-43所示，单击"确定"按钮应用滤镜效果。

图8-41 图8-42 图8-43

（9）选择【图像】/【调整】/【色阶】命令，在打开的"色阶"对话框中设置"输入色阶"分别为60、1和200，单击"确定"按钮，效果如图8-44所示。

（10）复制"Alpha1"通道，生成"Alpha1副本"通道，选择"Alpha1副本"通道，按"Ctrl+I"组合键，将通道颜色反相，效果如图8-45所示。

图 8-44　　　　　　　　　　　　　　　　图 8-45

（11）保持选择 "Alpha1 副本" 通道，选择【滤镜】/【风格化】/【风】命令，在打开的 "风" 对话框中选中 "从左" 单选项，单击 "确定" 按钮，效果如图 8-46 所示。

（12）按 "Ctrl+I" 组合键，将通道颜色反相，选择【图像】/【调整】/【色阶】命令，设置 "输入色阶" 分别为 50、1 和 170，单击 "确定" 按钮，效果如图 8-47 所示。

（13）选择【图像】/【旋转画布】/【90 度（逆时针）】命令，按 "Ctrl+Alt" 组合键分别单击 "Alhpa1" 通道和 "Alpha1 副本" 通道的缩略图，得到如图 8-48 所示的选区。

图 8-46　　　　　　　　　图 8-47　　　　　　　　　图 8-48

（14）切换到 "图层" 面板，新建 "图层 1"，设置前景色为白色，连续按 10 次 "Alt+Delete" 组合键，用白色连续叠加填充选区，按 "Ctrl+D" 组合键取消选区，效果如图 8-49 所示。

（15）打开 "雪人.psd" 图像，使用移动工具 将雪人图像拖动复制到新建图像中，系统自动生成 "图层 2"，将移动的图像位置调整至如图 8-50 所示，至此完成本例的制作。

图 8-49　　　　　　　　　　　　　　图 8-50

8.4 制作金属字

实例目标

本例将综合运用滤镜、图层和色彩调整命令制作最终效果如图 8-51 所示的金属字。

素材文件\第 8 章\金属字\木纹背景.jpg
最终效果\第 8 章\金属字.psd

图 8-51

制作思路

本例的制作思路如图 8-52 所示，涉及的知识点有云彩滤镜、添加杂色滤镜、动感模糊滤镜、高斯模糊滤镜、置换滤镜、光照效果滤镜、"曲线"命令、图层样式等，其中各滤镜命令的使用是本例的重点。

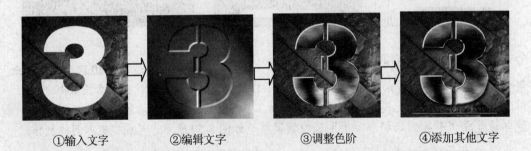

①输入文字　　　②编辑文字　　　③调整色阶　　　④添加其他文字

图 8-52

操作步骤

（1）打开"木纹背景.jpg"图像，设置前景色为灰色（R:89，G:89，B:89），背景色为浅灰色（R:205，G:205，B:205）。

（2）选择横排文字工具 T，在属性栏中设置字体为方正超粗黑繁体，字号为 200 点，颜色为白色，输入数字"3"文本，效果如图 8-53 所示。

（3）选择生成的文本图层，选择【图层】/【栅格化】/【文字】命令，将其转换为普通图层后使用矩形选框工具 ▦ 在数字中间绘制如图 8-54 所示的矩形选区。

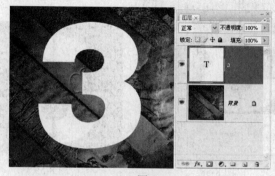

图 8-53　　　　　　　　　　　　　　　　　图 8-54

（4）按 "Delete" 键删除选区内的图像，按 "Ctrl+D" 组合键取消选区。

（5）新建 "图层 1"，选择【滤镜】/【渲染】/【云彩】命令，系统自动使用前景色和背景色混合填充当前图层，效果如图 8-55 所示。

（6）选择【滤镜】/【杂色】/【添加杂色】命令，在打开的 "添加杂色" 对话框中设置 "数量" 为 10，参数设置如图 8-56 所示，单击 "确定" 按钮应用滤镜。

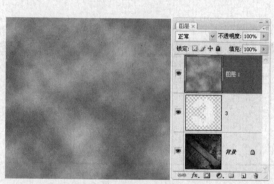

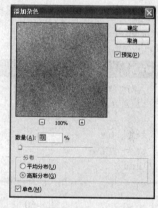

图 8-55　　　　　　　　　　　　　　　　　图 8-56

（7）选择【滤镜】/【模糊】/【动感模糊】命令，在打开的 "动感模糊" 对话框中设置 "角度" 为 0，"距离" 为 50，参数设置如图 8-57 所示，单击 "确定" 按钮应用滤镜。

（8）按住 "Ctrl" 键的同时单击文字图层缩略图载入文字选区，单击 "通道" 面板底部的 "将选区存储为通道" 按钮，生成 "Alpha1" 通道，选择该通道后取消选区。

（9）选择【滤镜】/【模糊】/【高斯模糊】命令，在打开的 "高斯模糊" 对话框中设置 "半径" 为 3，参数设置如图 8-58 所示，单击 "确定" 按钮，效果如图 8-59 所示。

提示　读者可以根据设计需要，在制作过程中设置需要的文本内容，特效字在制作后可以调用到设计作品中使用。另外，本章的实例中主要运用了 Photoshop CS3 中部分常用滤镜命令的使用，对于其他滤镜命令，读者可自行执行相关滤镜命令，并通过设置参数查看其效果。

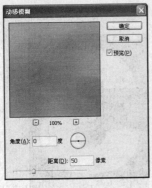

| 图 8-57 | 图 8-58 | 图 8-59 |

（10）在"Alpha1"通道名称上单击鼠标右键，在弹出的快捷菜单中选择"复制通道"命令，在打开的对话框中的"目标"栏设置"文档"为新建，参数设置如图 8-60 所示，单击"确定"按钮。

（11）此时将制作的文件以"通道.psd"为文件名进行存储，读者也可根据需要自行定义为其他名称。

（12）选择"图层 1"，选择【滤镜】/【扭曲】/【置换】命令，在打开的"置换"对话框中直接单击"确定"按钮，在打开的对话框中选择步骤（11）存储的文件，操作如图 8-61 所示，然后单击"打开"按钮。

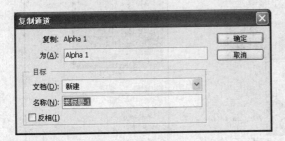

| 图 8-60 | 图 8-61 |

（13）在返回的"置换"对话框中设置参数如图 8-62 所示，然后单击"确定"按钮应用滤镜，此时将在图像中显示出文字的轮廓，但并不明显，效果如图 8-63 所示。

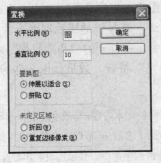

| 图 8-62 | 图 8-63 |

（14）选择【滤镜】/【渲染】/【光照效果】命令，在打开的"光照效果"对话框中设置纹理通道为"Alpha1"，在左侧预览框中可拖动控制点调整光源位置，参数设置如图 8-64 所示，单击"确定"按钮，此时将显示出类似于浮雕的文字效果，如图 8-65 所示。

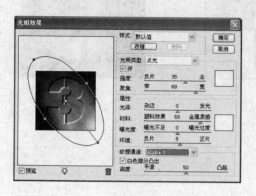

图 8-64   图 8-65

（15）选择【图层】/【创建剪贴蒙版】命令，创建一个剪贴蒙版，然后选择【图像】/【调整】/【曲线】命令，在打开的"曲线"对话框中增加并编辑调整点至如图 8-66 所示，单击"确定"按钮，效果如图 8-67 所示。

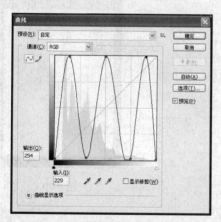

图 8-66   图 8-67

（16）选择文字所在的图层，选择【图层】/【图层样式】/【投影】命令，在打开的"图层样式"对话框中设置"角度"为 100，"距离"为 18，"大小"为 20，单击"确定"按钮，效果如图 8-68 所示。

（17）设置前景色为红色（R:255，G:0，B:0），新建"图层 2"，在文字底部绘制一个长条矩形选区并填充前景色，效果如图 6-69 所示。

（18）取消选区后在红色线条上输入"VANILLA SKY TOM CRUISE"文本，设置字号为 10 点。

（19）按"Ctrl+E"组合键向下合并图层，选择【图层】/【图层样式】/【斜面和浮雕】命令，在打开的"图层样式"对话框中设置"深度"为 500，"大小"为 2，单击"确定"按钮，得到最终效果，至此完成本例的制作。

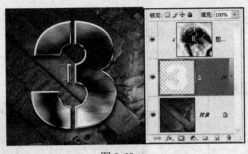
图 8-68

图 8-69

8.5 制作素描画

实例目标

本例将综合运用滤镜、色彩调整命令和图层相关知识，将一个人物素材制作成素描画，最终效果如图 8-70 所示。

最终效果\第 8 章\素描效果\少女.tif
最终效果\第 8 章\素描效果.psd

图 8-70

制作思路

本例的制作思路如图 8-71 所示，涉及的知识点有图层、"去色"命令、"反相"命令、最小值滤镜、喷溅滤镜、高反差保留滤镜等，其中运用滤镜制作素描效果是本例的重点。

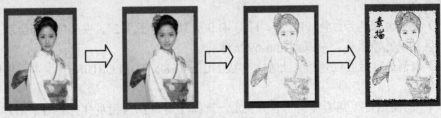

①打开原图像文件　　②去色效果　　③应用最小值滤镜　　④处理边缘和添加文字

图 8-71

操作步骤

（1）新建"素描效果"文件，文件大小为 11 厘米×15 厘米，分辨率为 100 像素/英寸，设置前景色为深紫色（R:81，G:72，B:115），按"Alt+Delete"组合键填充前景色。

（2）打开"少女.tif"素材文件，选择工具箱中的移动工具 ，将素材图片拖入"素描效果"文件窗口中，自动生"成图层 1"。

（3）按"Ctrl+J"组合键复制生成"图层 1 副本"图层，选择【图像】/【调整】/【去色】命令，将"图层 1 副本"去色。

（4）按"Ctrl+J"组合键复制生成"图层 1 副本 2"图层，选择【图像】/【调整】/【反相】命令，将"图层 1 副本 2"图层中的图像反相，效果如图 8-72 所示。

（5）设置"图层 1 副本 2"图层的混合模式为"颜色减淡"，效果如图 8-73 所示。

图 8-72

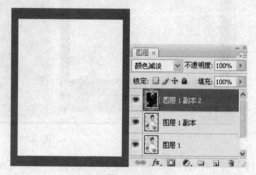
图 8-73

（6）选择【滤镜】/【其他】/【最小值】命令，在打开的"最小值"对话框中设置"半径"为 1，单击"确定"按钮，效果如图 8-74 所示。

（7）双击"图层 1 副本 2"图层后面的空白处，在打开的"图层样式"对话框中选中"投影"复选框，设置"距离"为 10，大小为 5，单击"确定"按钮添加投影效果。

（8）按"Ctrl+Alt+Shift+E"组合键盖印可见图层，自动生成"图层 2"，选择魔棒工具 ，在属性栏中设置容差为 50，单击选取窗口中深紫色的边框载入选区。

（9）选择【选择】/【修改】/【扩展】命令，在打开的"扩展选区"对话框中设置"扩展量"为 10，单击"确定"按钮，得到如图 8-75 所示的选区。

图 8-74

图 8-75

（10）选择【滤镜】/【画笔描边】/【喷溅】命令，在打开的"喷溅"对话框中设置"喷色半径"为 10，"平滑度"为 5，如图 8-76 所示，单击"确定"按钮应用滤镜。

图 8-76

（11）按"Ctrl+D"组合键取消选区，按"Ctrl+J"组合键复制生成"图层 2 副本"图层。

（12）选择【滤镜】/【其他】/【高反差保留】命令，在打开的"高反差保留"对话框中设置"半径"为 3，单击"确定"按钮，效果如图 8-77 所示。

（13）设置"图层 2 副本"图层的图层混合模式为"叠加"，参数设置如图 8-78 所示。

（14）选择工具箱中的直排文字工具，设置前景色为黑色，在窗口中输入文本，设置字体为方正舒体，字号为 50 点，如图 8-79 所示，至此完成本例的制作。

图 8-77

图 8-78

图 8-79

8.6 制作水彩画

 实例目标

本例将运用滤镜和图层混合模式将一幅风景画处理成水彩画，最终效果如图 8-80 所示。

最终效果\第 8 章\\水彩画\深秋.jpg
最终效果\第 8 章\水彩画.psd

图 8-80

 **制作思路**

本例的制作思路如图 8-81 所示，涉及的知识点有绘画涂抹滤镜、成角的线条滤镜、玻璃滤镜、浮雕效果滤镜、图层混合模式等，其中绘画涂抹滤镜和玻璃滤镜的运用是本例的重点。

①打开原图像文件　　②用滤镜处理图像　　③制作浮雕效果　　④修改图层混合模式

图 8-81

操作步骤

（1）打开"深秋.jpg"图像，选择【滤镜】/【艺术效果】/【绘画涂抹】命令，在打开的"绘画涂抹"对话框中设置"画笔大小"为 8，"锐化程度"为 7，参数设置如图 8-82 所示，单击"确定"按钮。

图 8-82

（2）选择【滤镜】/【画笔描边】/【成角的线条】命令，在打开的"成角的线条"对话框中设置"方向平衡"为 25，"描边长度" 4，单击"确定"按钮。其参数设置与效果如图 8-83 所示。

图 8-83

（3）选择【滤镜】/【扭曲】/【玻璃】命令，在打开的"玻璃"对话框中设置"扭曲度"为 8，"平滑度"为 6，其他参数保持默认设置，单击"确定"按钮。其参数设置与效果如图 8-84 所示。

图 8-84

（4）按"Ctrl+J"组合键复制生成"图层 1"，选择【滤镜】/【风格化】/【浮雕效果】命令，在打开的"浮雕效果"对话框中设置"角度"为 135，"数量"为 500，单击"确定"按钮，效果如图 8-85 所示。

（5）按"Ctrl+Shift+U"组合键去色，在"图层"面板中设置"图层 1"的图层混合模式为"叠加"，"不透明度"为 50，效果如图 8-86 所示，至此完成本例的制作。

图 8-85

图 8-86

8.7 制作飘雪特效

实例目标

本例将运用滤镜、"色阶"命令和图层混合模式为一幅风景画添加飘雪效果，最终效果如图 8-87 所示。

最终效果\第 8 章\飘雪效果\雪景.jpg
最终效果\第 8 章\飘雪效果.psd

图 8-87

制作思路

本例的制作思路如图 8-88 所示，涉及的知识点有添加杂色滤镜、高斯模糊滤镜、动感模糊滤镜、"色阶"命令等，其中高斯模糊滤镜和动感模糊滤镜的运用是本例的重点。

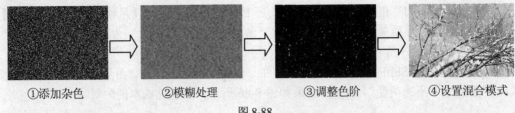

①添加杂色　　　　②模糊处理　　　　③调整色阶　　　　④设置混合模式

图 8-88

操作步骤

（1）打开"雪景.jpg"图像，按"Ctrl+L"组合键，在打开的"色阶"对话框中设置"输入色阶"为 0、1 和 190，单击"确定"按钮。

（2）新建"图层 1"，并将其填充为黑色，选择【滤镜】/【杂色】/【添加杂色】命令，在打开的"添加杂色"对话框中设置"数量"为 300，如图 8-89 所示，单击"确定"按钮，效果如图 8-90 所示。

图 8-89

图 8-90

（3）选择【滤镜】/【模糊】/【高斯模糊】命令，在打开的"高斯模糊"对话框中设置"半径"为 3，如图 8-91 所示，单击"确定"按钮，效果如图 8-92 所示。

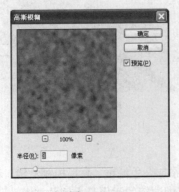

图 8-91

图 8-92

（4）选择【滤镜】/【模糊】/【动感模糊】命令，在打开的"动感模糊"对话框中设置

"角度"为 60,"距离"为 10,如图 8-93 所示,单击"确定"按钮,效果如图 8-94 所示。

图 8-93　　　　　　　　　　　　　　　　　　图 8-94

（5）按"Ctrl+L"组合键,在打开的"色阶"对话框中设置"输入色阶"分别为 125、1 和 142,单击"确定"按钮,得到雪花状白色图案,效果如图 8-95 所示。

（6）将"图层 1"的图层混合模式设置为"颜色减淡",按两次"Ctrl+J"组合键生成两个图层,并使用移动工具移动它们的位置,使图像中的雪花显得更密集,效果如图 8-96 所示,至此完成本例的制作。

图 8-95　　　　　　　　　　　　　　　　　　图 8-96

8.8　制作闪电特效

本例将综合运用滤镜和色彩调整命令制作出闪电效果,最终效果如图 8-97 所示。

本例的制作思路如图 8-98 所示,涉及的知识点有分层云彩滤镜、"反相"命令、"色阶"命令、图层混合模式等,其中分层云彩滤镜和"反相"命令的运用是本例的制作重点。

最终效果\第 8 章\闪电效果\苹果.jpg
最终效果\第 8 章\闪电效果.psd

图 8-97

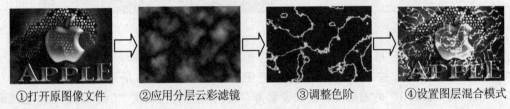

①打开原图像文件　　②应用分层云彩滤镜　　③调整色阶　　④设置图层混合模式

图 8-98

操作步骤

（1）打开"苹果.jpg"图像，按"D"键复位前景色和背景色。

（2）新建"图层 1"，按"Alt+Delete"组合键填充前景色。

（3）选择【滤镜】/【渲染】/【分层云彩】命令，得到如图 8-99 所示的效果。

（4）按"Ctrl+F"组合键再次应用分层云彩滤镜，得到如图 8-100 所示的效果。

图 8-99　　　　　　　　　　　　　　　　　　　图 8-100

（5）按"Ctrl+I"组合键将"图层 1"中的图像反相显示，观察发现图像中已具有明显的亮线条效果，如图 8-101 所示。

（6）按"Ctrl+L"组合键，在打开的"色阶"对话框中设置"输入色阶"分别为 240、1 和 255，单击"确定"按钮，效果如图 8-102 所示。

（7）将"图层 1"的图层混合模式设置为"颜色减淡"，按 3 次"Ctrl+J"组合键生成 3 个副本图层，使用移动工具 分别移动它们的位置，使图像中的闪电显得更密集，效果如图

8-103 所示，至此完成本例的制作。

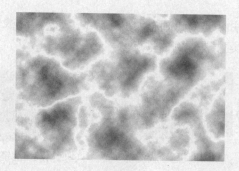

图 8-101

图 8-102

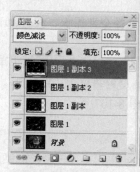

图 8-103

8.9　制作水中倒影效果

实例目标

　　本例将运用画面大小设置和滤镜为一幅建筑风景图像制作水中倒影效果，最终效果如图 8-104 所示。

最终效果\第 8 章\水中倒影\建筑.jpg

最终效果\第 8 章\水中倒影.psd

图 8-104

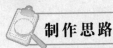

制作思路

本例的制作思路如图 8-105 所示，涉及的知识点有"画布大小"命令、动感模糊滤镜、波纹滤镜等，其中波纹滤镜和动感模糊滤镜的运用是本例的重点。

①打开原图像文件　②复制并翻转图像　③应用动感模糊滤镜　④应用波纹滤镜

图 8-105

操作步骤

（1）打开"建筑.jpg"图像，按"Ctrl+A"组合键选择全部图像，按"Ctrl+C"组合键复制选区内图像，再按"Ctrl+D"组合键取消选区。

（2）选择【图像】/【画布大小】命令，在打开的"画布大小"对话框中单击"定位"栏中顶部第二个按钮，取消选中"相对"复选框，设置高度的单位为"百分比"，并设置高度为 150，如图 8-106 所示，单击"确定"按钮，效果如图 8-107 所示。

图 8-106

图 8-107

（3）按"Ctrl+V"组合键生成"图层 1"，选择【编辑】/【变换】/【垂直翻转】命令，使用移动工具将翻转后的图像调整到画布的下方，效果如图 8-108 所示。

图 8-108

（4）选择"图层 1"，选择【滤镜】/【模糊】/【动感模糊】命令，在打开的"动感模糊"对话框中设置"角度"为 90，"距离"为 30，如图 8-109 所示，单击"确定"按钮，效果如图 8-110 所示。

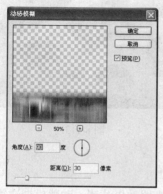

图 8-109　　　　　　　　　　　　　　图 8-110

（5）选择【滤镜】/【扭曲】/【波纹】命令，在打开的"波纹"对话框中设置"数量"为 110，在"大小"下拉列表框中选择"小"选项，如图 8-111 所示，单击"确定"按钮，得到水中倒影效果，如图 8-112 所示。

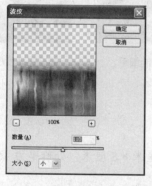

图 8-111　　　　　　　　　　　　　　图 8-112

（6）观察发现两个图层中图像的接触处有明显的白色，需将其删除，选择工具箱中的橡皮擦工具，在属性栏中设置"不透明度"和"流量"都为 30%，在"图层 1"中图像的顶部涂抹删除多余白色，完成本实例的制作。

8.10　制作豹皮特效

实例目标

本例将运用滤镜和绘图工具制作豹皮纹理效果，完成后的最终效果如图 8-113 所示。

最终效果\第 8 章\豹皮特效.psd

图 8-113

制作思路

本例的制作思路如图 8-114 所示，涉及的知识点有光照效果滤镜、动感模糊滤镜、画笔工具、涂抹工具等，其中豹皮细毛的绘制是本例制作的重点。

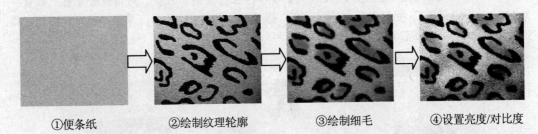

①便条纸　　　　②绘制纹理轮廓　　　　③绘制细毛　　　　④设置亮度/对比度

图 8-114

操作步骤

（1）新建"豹皮特效"图像文件，图像大小为 10 厘米×8 厘米，分辨率为 150 像素/英寸。

（2）单击"图层"面板下方的"创建新图层"按钮 ，新建"图层 1"。设置前景色为棕色（R:161，G:126，B:103），按"Alt+Delete"组合键将"图层 1"填充为前景色。

（3）按"X"键切换前景色和背景色，选择【滤镜】/【素描】/【便条纸】命令，打开"便条纸"对话框，设置"图像平衡"为 25，"粒度"为 11，"凸现"为 12，单击"确定"按钮，设置及效果如图 8-115 所示。

（4）选择【滤镜】/【杂色】/【添加杂色】命令，打开"添加杂色"对话框，设置"数量"为 15，"分布"为高斯分布，并选中"单色"复选框，单击"确定"按钮，效果如图 8-116所示。

提示　在设置滤镜参数时，不同的图像文件即使设置的参数相同，其效果也会有区别，这是因为滤镜的效果会受当前颜色设置、图像大小等因素的影响，读者要灵活运用设置其参数。

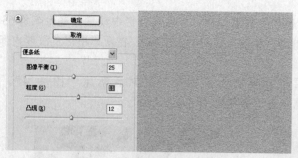

图 8-115　　　　　　　　　　　　　图 8-116

（5）选择【滤镜】/【渲染】/【光照效果】命令，打开"光照效果"对话框，选中"白色部分凸出"复选框并设置"纹理通道"为蓝，"高度"为 21，调节对话框左侧的光照角度，参数设置如图 8-117 所示，单击"确定"按钮应用滤镜。

（6）选择【滤镜】/【模糊】/【动感模糊】命令，打开"动感模糊"对话框，设置"角度"为-35，"距离"为 7，单击"确定"按钮，效果如图 8-118 所示。

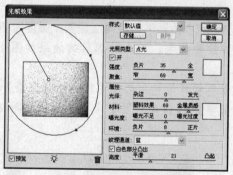

图 8-117　　　　　　　　　　　　　图 8-118

（7）单击"图层"面板下方的"创建新图层"按钮，新建"图层 2"。

（8）选择工具箱中的画笔工具，在属性栏中设置画笔为尖角 20 像素，单击"画笔"按钮，打开"画笔"面板，选中"形状动态"复选框，设置"大小抖动"为 50%，"控制"设为渐隐 40，如图 8-119 所示。

（9）设置前景色为黑色，在窗口中绘制如图 8-120 所示的黑色不规则纹理。

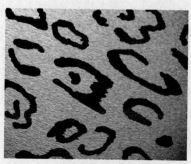

图 8-119　　　　　　　　　　　　　图 8-120

（10）新建"图层 3"，选择工具箱中的画笔工具 ，在属性栏中设置画笔为柔角 65 像素，不透明度为 80%，设置前景色为橙色（R:217，G:143，B:49），在窗口中黑色纹理内部位置涂抹，绘制如图 8-121 所示的图形。

（11）设置"图层 3"的图层混合模式为正片叠底，然后新建"图层 4"，按"Ctrl+Alt+Shift+E"组合键盖印可见图层，效果如图 8-122 所示。

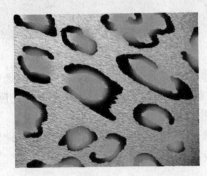
图 8-121

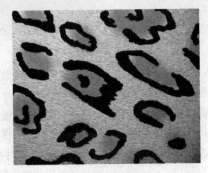
图 8-122

（12）选择工具箱中的涂抹工具 ，设置属性栏中的画笔为尖角 2 像素，强度为 70%，在窗口中所有的黑色纹理边缘处，向外部涂抹绘制细毛，放大局部后的效果如图 8-123 所示。

（13）新建"图层 5"，按"D"键默认前景色和背景色。选择【滤镜】/【渲染】/【云彩】命令，添加云彩效果后选择【图像】/【调整】/【自动色阶】命令，效果如图 8-124 所示。

图 8-123

图 8-124

（14）选择【滤镜】/【杂色】/【添加杂色】命令，打开"添加杂色"对话框，设置"数量"为 25，"分布"为高斯分布，选中"单色"复选框，单击"确定"按钮应用滤镜即可。

（15）选择【滤镜】/【渲染】/【光照效果】命令，打开"光照效果"对话框，选中"白色部分凸出"复选框并设置纹理通道为蓝，"高度"为 10，如图 8-125 所示。单击"确定"按钮，效果如图 8-126 所示。

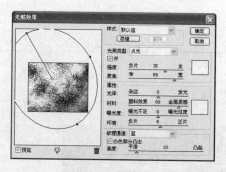

图 8-125

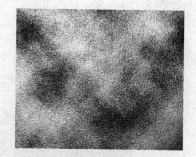

图 8-126

（16）选择【滤镜】/【模糊】/【动感模糊】命令，打开"动感模糊"对话框，设置"角度"为-35，"距离"为12，单击"确定"按钮应用滤镜。

（17）设置"图层 5"的图层混合模式为柔光，同时选择"图层 5"和"图层 4"，按"Ctrl+E"组合键向下合并图层为"图层 4"，此时的图像效果如图 8-127 所示。

（18）选择工具箱中的减淡工具 ，在属性栏中设置画笔为柔角 100 像素，"范围"为中间调，"曝光度"为 25，在中间部分及左上角纹理处涂抹，局部减淡图像。

（19）选择工具箱中的加深工具 ，在属性栏中设置画笔为柔角 150 像素，"范围"为中间调，"曝光度"为 30，在中间部分及右下角纹理处涂抹，局部加深图像，完成后的效果如图 8-128 所示。

图 8-127

图 8-128

（20）选择【图像】/【调整】/【亮度/对比度】命令，打开"亮度/对比度"对话框，设置"亮度"为 40，单击"确定"按钮，至此完成本例的制作。

8.11　课后练习

根据本章所学内容，动手完成以下实例的制作。

练习 1　制作水墨画

本练习将打开一幅"雪景"图像，将其制作成水墨画效果，可以先去掉图像颜色后执行特殊模糊滤镜、复制一个图层后分别执行高斯模糊和水彩滤镜，最后将该图层模式设为变暗，最终效果如图 8-129 所示。

素材文件\第 8 章\课后练习\水墨画\雪景.jpg
最终效果\第 8 章\课后练习\水墨画.psd

图 8-129

练习 2　制作蜡笔素描画

本练习将打开一幅风景图像，将其处理为蜡笔素描画效果，可以先去掉图像颜色后复制图层并进行反相，执行高斯模糊滤镜、设置复制图层混合模式为颜色减淡，合并图层后再执行粗糙蜡笔滤镜，最后调整亮度和对比度，最终效果如图 8-130 所示。

素材文件\第 8 章\课后练习\蜡笔素描画\盆花.jpg
最终效果\第 8 章\课后练习\蜡笔素描画.psd

图 8-130

练习 3　制作塑料字

运用"描边"命令、收缩选区、高斯模糊滤镜、光照效果滤镜、描边、投影图层样式等制作塑料字效果，最终效果如图 8-131 所示。

最终效果\第 8 章\课后练习\塑料字.psd

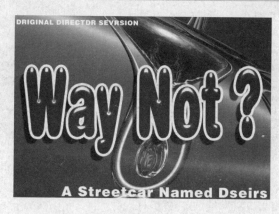

图 8-131

练习 4　制作金属图腾效果

运用基地凸现滤镜、添加杂色滤镜、光照效果滤镜、图层混合模式等制作金属图腾效果，最终效果如图 8-132 所示。

素材文件\第 8 章\金属图腾\图腾.tif

最终效果\第 8 章\课后练习\金属图腾效果.psd

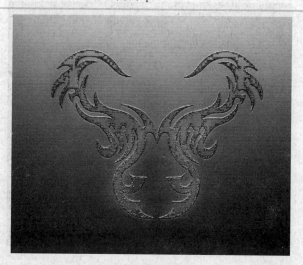

图 8-132

练习 5　制作哈密瓜效果

运用图层样式、晶格化滤镜、球面化滤镜、查找边缘滤镜、通道的应用等制作如图 8-133 所示的哈密瓜效果。

最终效果\第 8 章\课后练习\哈密瓜.psd

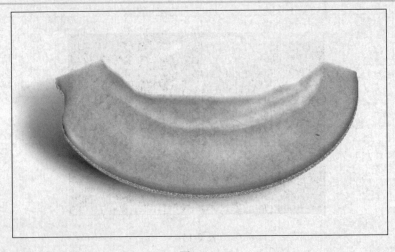

图 8-133

练习 6　制作七彩幻光特效

运用滤镜、渐变工具等制作七彩幻光特效，可以先新建一个黑色填充背景的图像，执行镜头光晕滤镜和极坐标滤镜制作出左半边幻光效果，然后复制出右半边幻光效果，最后对其色彩进行调整，最终效果如图 8-134 所示。

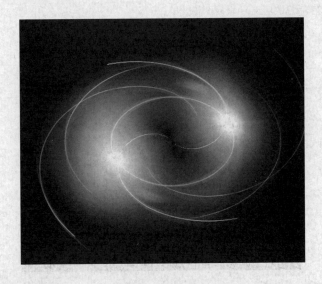

图 8-134

最终效果\第 8 章\课后练习\七彩炫光.psd

练习 7　制作下雨效果

运用"曲线"命令、"色彩平衡"命令、点状化滤镜、"阈值"命令、动感模糊滤镜等，为一幅风景图片制作下雨效果，最终效果如图 8-135 所示。

素材文件\第 8 章\课后练习\下雨效果\风景.tif
最终效果\第 8 章\课后练习\下雨效果.psd

图 8-135

练习 8　制作缥缈晨雾效果

运用云彩滤镜和快速蒙版为一风景图片添加缥缈晨雾效果，可以先新建一个图层后进入快速蒙版状态，再执行云彩滤镜，退出快速蒙版后填充选区并修改图层不透明度等，完成后的最终效果如图 8-136 所示。

素材文件\第 8 章\课后练习\缥缈晨雾效果\风景照.jpg
最终效果\第 8 章\课后练习\缥缈晨雾效果.psd

图 8-136

练习 9　制作月球效果

　　运用渐变工具、云彩滤镜、USM 锐化滤镜、光照效果滤镜、球面化滤镜、图层的应用等制作出如图 8-137 所示的月球效果。

 最终效果\第 8 章\课后练习\月球效果.psd

图 8-137

练习 10　制作玉石特效

运用椭圆选框工具、添加杂色滤镜、光照效果滤镜、径向模糊滤镜、云彩滤镜、半调图案滤镜、龟裂缝滤镜、图层样式等制作玉石特效，其最终效果如图 8-138 所示。

素材文件\第 8 章\课后练习\玉石特效\花纹图案.tif
最终效果\第 8 章\课后练习\玉石特效.psd

图 8-138

第9章

Photoshop 特殊图像处理

　　Photoshop CS3 中还提供了动作、批处理、打印多幅图像、制作网页和制作 GIF 动画等特殊图像处理功能。本章将以 4 个制作实例来介绍这方面知识的应用，使读者在巩固前面所学知识的基础上，灵活运用 Photoshop 提高图像处理效率以及用 Photoshop 制作网页和网页动画的方法。

本章学习目标：
- 📖 制作纪念卡
- 📖 制作和打印多张名片
- 📖 制作手机摄影网页
- 📖 制作 GIF 动画贺卡

9.1 制作纪念卡

实例目标

　　本例将打开一个纪念卡背景图层，然后将制作发光字的过程录制为动作，然后运用录制的动作和 Photoshop 自带的动作为纪念卡添加相关文字效果并处理卡片背景颜色，从而快速完成纪念卡的制作，最终效果如图 9-1 所示。

素材文件\第 9 章\纪念卡\纪念卡背景.psd
最终效果\第 9 章\纪念卡.psd

图 9-1

制作思路

　　本例的制作思路如图 9-2 所示，涉及的知识点有录制动作、创建文本图层、播放动作、载入预设动作以及滤镜、图像色彩调整命令、图层的应用知识等，其中动作的录制、载入和播放是本例的制作重点。

①录制发光字动作　　　　②利用录制的动作添加文字　　　　③用预设的动作调整背景颜色

图 9-2

操作步骤

9.1.1　录制"发光字"动作

　　（1）打开"纪念卡背景.psd"图像，隐藏"图层 1"，使用横排文字工具在图像中输入任意文本，这里输入如图 9-3 所示的文本。

　　（2）单击"动作"面板底部的"创建新动作"按钮 🔲，在打开的"新建动作"对话框的"名称"文本框中输入"发光字"，如图 9-4 所示。

　　（3）单击"记录"按钮，此时将自动进入动作录制状态，即接下来的任何操作都将被记录到新建的动作中，同时"动作"面板底部的"开始记录"按钮 ⬤ 呈红色显示状态，如图 9-5 所示。

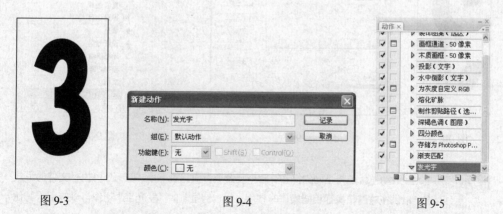

图 9-3　　　　　　　　　　图 9-4　　　　　　　　　　图 9-5

　　（4）选择【图层】/【栅格化】/【文字】命令，将文本图层转换为通道图层，按"D"

键复位前景色和背景色，载入文字图像所在的选区，按"Alt+Delete"键填充选区。

（5）取消选区，选择【滤镜】/【模糊】/【动感模糊】命令，在打开的"动感模糊"对话框中将参数设置成如图 9-6 所示，单击"确定"按钮。

（6）选择【滤镜】/【风格化】/【查找边缘】命令，应用查找边缘滤镜后的效果如图 9-7所示。

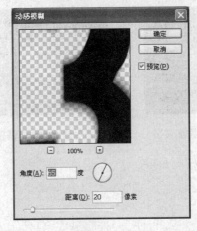

图 9-6   图 9-7

（7）选择【图像】/【调整】/【反相】命令，将图像进行颜色反相，反相后效果如图 9-8所示。

（8）选择【图像】/【调整】/【色阶】命令，在打开的"色阶"对话框中将参数设置成如图 9-9 所示，单击"确定"按钮调整色阶，完成发光字的制作。

（9）单击"动作"控制面板底部的■按钮停止录制，录制的动作如图 9-10 所示。

图 9-8   图 9-9   图 9-10

 提示 简单地说，动作就是将不同的操作、命令及命令参数记录下来，以一个可执行文件的形式存在，以供在对图像执行相同操作时使用。如本例录制的"发光字"动作可以应用于其他任意图像中，从而避免了重复制作类似的文字效果。

9.1.2　用动作为卡片添加文字并调整背景色彩

（1）删除文字"3"所在的图层，显示出前面隐藏的"图层 1"，重新显示出卡片背景，使用横排文字工具分别在图像中部和底部输入如图 9-11 所示的文本，并生成 3 个相应的文字图层，其字体都为方正综艺简体，颜色为白色。

（2）选择"纪念"文字图层，在"动作"面板中选择"发光字"动作，单击面板底部的"播放选定的动作"按钮▶，便可自动将"纪念"文字制作为发光字效果，然后用同样的方法为其他两个文字图层播放"发光字"动作，完成后的图像效果如图 9-12 所示。

图 9-11　　　　　　　　　　　　　　　　　图 9-12

（3）单击"动作"面板右上角的 ▼三按钮，在弹出的下拉菜单中选择"图像处理"命令，载入"图像处理"动作组，单击 ▷ 按钮展开该动作组，便可查看到其中所有 Photoshop 预设的图像处理类动作，如图 9-13 所示。

（4）在"图层"面板中选择卡片背景所在的"图层 1"，如图 9-14 所示。

（5）在"动作"中向下拖动滚动条，找到并选择"渐变匹配"动作，单击面板底部的"播放选定的动作"按钮▶，如图 9-15 所示。

（6）播放结束后便可得到如图 9-1 所示的最终效果，至此完成本例的制作。

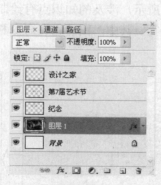

图 9-13　　　　　　　　　　图 9-14　　　　　　　　　　图 9-15

提示　在系统默认下，"动作"面板中只显示"默认动作"动作组，通过面板下拉菜单还可载入文字效果、画框、纹理等 6 个动作组，这些动作都是 Photoshop CS3 提供的预设动作。

9.2　制作和打印多张名片

实例目标

本例将制作一张名片，然后通过 Photoshop CS3 提供的图片包功能进行拼图，设置在一张 A4 纸上同时打印 8 张名片，然后进行打印输出，打印效果如图 9-16 所示。

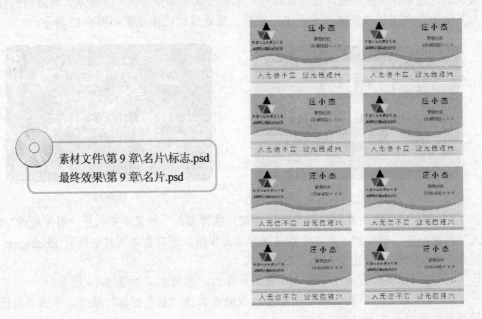

素材文件\第 9 章\名片\标志.psd
最终效果\第 9 章\名片.psd

图 9-16

制作思路

本例的制作思路如图 9-17 所示，涉及的知识点有绘制路径、填充路径、图层样式、"图片包"命令、"打印"命令等，其中"图片包"命令和"打印"命令的使用是本例的制作重点。

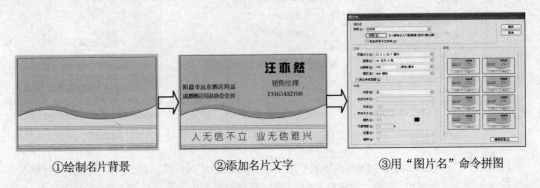

①绘制名片背景　　　　②添加名片文字　　　　③用"图片名"命令拼图

图 9-17

操作步骤

9.2.1　制作名片

（1）新建一个"名片"图像文档，大小为 20 厘米×20 厘米，分辨率为 300 像素/英寸，色彩模式为 RGB 模式。

（2）设置前景色为灰色（R:220，G:224，B:255），并按"Alt+Delete"键填充背景层。

（3）新建"图层 1"，使用钢笔工具绘制如图 9-18 所示的封闭路径，设置前景色为淡蓝色（R:156，G:187，B:231），单击"路径"面板中的"填充路径"按钮，效果如图 9-19 所示。

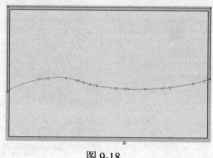
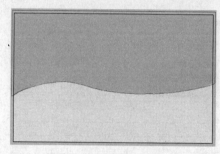

图 9-18　　　　　　　　　　　　　　　图 9-19

（4）用钢笔工具绘制如图 9-20 所示的封闭路径，设置前景色为紫灰色（R:99，G:177，B:181），并用前景色填充路径，效果如图 9-21 所示。

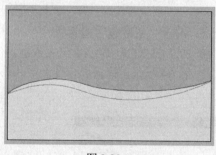
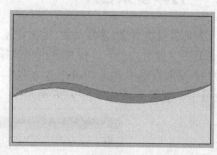

图 9-20　　　　　　　　　　　　　　　图 9-21

（5）为"图层 1"添加"斜面和浮雕"图层样式，参数设置如图 9-22 所示，单击"确定"按钮添加图层样式。

（6）新建"图层 2"，使用矩形选框工具绘制 6 个相同的长条矩形选区，并用前景色填充选区，得到如图 9-23 所示的线条效果。

（7）使用横排文字工具在图像中分别输入如图 9-24 所示的文本，并设置文本的字体格式及位置，其中姓名格式为黑体、18 点，职位及联系方式格式为宋体、11 点，左侧的文字格式为宋体、8 点，最下方的文字格式为方正细圆简体、15 点。

（8）打开"标志.psd"图像，并复制到新建文档的左上侧，最终效果如图 9-25 所示。

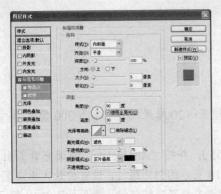

图 9-22

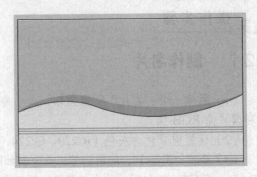

图 9-23

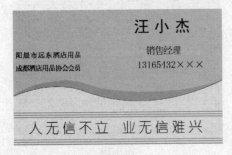

图 9-24

图 9-25

9.2.2　打印多张名片

（1）选择【文件】/【自动】/【图片包】命令，打开"图片包"对话框。

（2）在"页面大小"下拉列表框中选择"21.0×29.7 厘米"，即 A4 纸张大小，然后在"版面"下拉列表框中选择"A4 名片 8 张"，即在一张 A4 纸张上同时打印 8 张名片，在"版面"栏显示其预览效果，如图 9-26 所示。

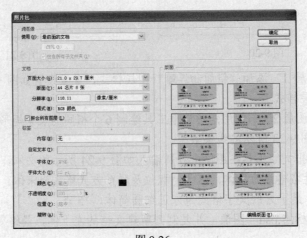

图 9-26

提示　如果当前窗口中没有打开需要拼图的图像文件，可以在"图片包"对话框中单击"浏览"按钮，在打开的对话框中选择文件后单击"打开"按钮。

（3）单击"确定"按钮，系统开始自动按前面的设置生成一个图像文档，该图像由 8 个名片图像组成，效果如图 9-27 所示。

（4）选择【文件】/【打印】命令，打开如图 9-28 所示的"打印"对话框，预览打印效果并根据需要设置打印纸张大小等，完成后单击"打印"按钮进行打印，将在一张 A4 纸张上打印输出 8 张名片图像。至此完成本例的制作。

图 9-27

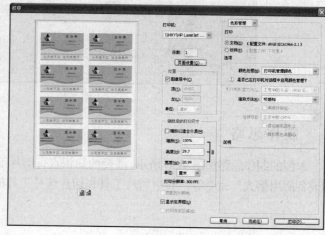

图 9-28

9.3　制作手机摄影网页

实例目标

Photoshop 具有网页制作功能，可以先制作好网页图像，然后对其进行切片，并可对切片选区进行设置，指定链接目标，最后发布为网页文件即可。本例将打开一个制作好的网页图像作品，使用 Photoshop 工具箱中的切片工具对网页进行功能区的划分，划分后通过单击其中图片，可以进入指定的网页，最后发布为.html 网页文件，发布后的网页效果如图 9-29 所示。

素材文件\第 9 章\手机摄影网\手机摄影网.psd…
最终效果\第 9 章\手机摄影网\手机摄影网.html、手机摄影网.psd

图 9-29

制作思路

本例的制作思路如图 9-30 所示，涉及的知识点有切片工具、切片选择工具、"存储为 Web 和设备所用格式"命令等，其中切片工具和切片选择工具的使用是本例的制作重点。

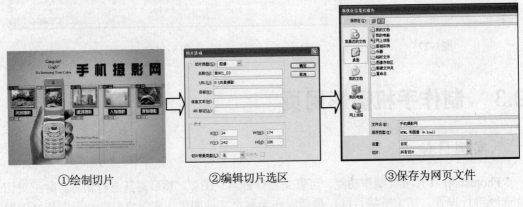

①绘制切片   ②编辑切片选区   ③保存为网页文件

图 9-30

9.3.1 通过切片划分网页功能区

（1）打开"手机摄影网.psd"图像，选择工具箱中的切片工具 ，在图像窗口左侧的图片区域单击并拖动绘制如图 9-31 所示的切片选区。

（2）释放鼠标后，系统自动将整个图像区域划分成 5 个切片选区，每个选区左上角显示当前切片选区的名称，效果如图 9-32 所示。

图 9-31　　　　　　　　　　　　　　　　　图 9-32

（3）用同样的方法继续沿图像中右侧的 3 个图片边缘绘制切片选区，完成后的效果如图 9-33 所示。

（4）利用切片工具将网页划分为不同的功能区后，为了在浏览网页时通过单击不同的功能区，以在打开的子网页中浏览到不同的内容，可以为不同的功能区设置链接内容。选择工具箱中的切片选择工具 ，在切片 03（最左侧图片区域）上单击鼠标右键，在弹出的快捷菜单中选择"编辑切片选项"命令，如图 9-34 所示。

图 9-33　　　　　　　　　　　　　　　　　图 9-34

（5）在打开的"切片选项"对话框中的"URL"文本框中输入一个完整的超级链接地址（如输入 http://www.sohu.com 等），这里输入提供的一个已存在网页文件所在的文件夹地址，指定到素材"风景摄影"文件夹所在位置，该文件夹中包括一个名为"风景摄影.htm"的网页文件夹。

（6）在"目标"文本框中输入"_blank"选项，表示单击链接时，将在新窗口中显示链接文件，而将原始浏览器窗口保留为打开状态。

（7）在"Alt 标记"文本框中输入"青山、绿水"文本，目的是在浏览网页时，当鼠标移动到链接处时,将弹出关于该链接的注释性提示说明,设置后的对话框参数如图9-35所示。单击"确定"按钮应用设置。

(8)按照步骤(4)至步骤(7)的操作方法,选择切片05(第2张图片区域),打开"切片选项"对话框并设置参数为如图9-36所示,单击"确定"按钮。

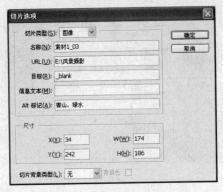

图 9-35

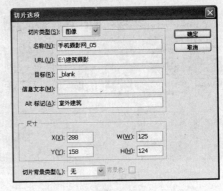

图 9-36

(9)按照步骤(4)至步骤(7)的操作方法,选择切片07(第3张图片区域),打开"切片选项"对话框并设置参数为如图9-37所示,单击"确定"按钮。

(10)按照步骤(4)至步骤(7)的操作方法,选择切片09(第4张图片区域),打开"切片选项"对话框并设置参数为如图9-38所示,单击"确定"按钮,完成网页功能区域的划分与链接指定,保存图像文件。

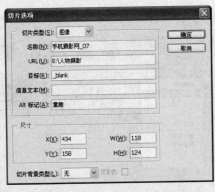

图 9-37

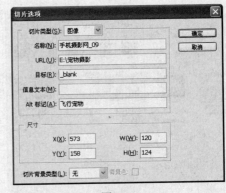

图 9-38

9.3.2 优化并存储网页文件

(1)选择【文件】/【存储为 Web 和设备所用格式】命令,打开"存储为 Web 和设备所用格式"对话框,该对话框主要用来优化网页文件。

(2)进入"优化"选项卡,系统自动进行低级别优化处理,左下角将显示优化后的文件大小及网上传播速度,如图9-39所示。

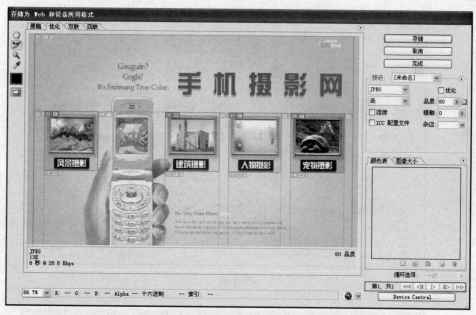

图 9-39

（3）进入"双联"选项卡，对图像进行进一步优化处理，左右两个子窗口底部会显示优化前后的文件大小，效果如图 9-40 所示。

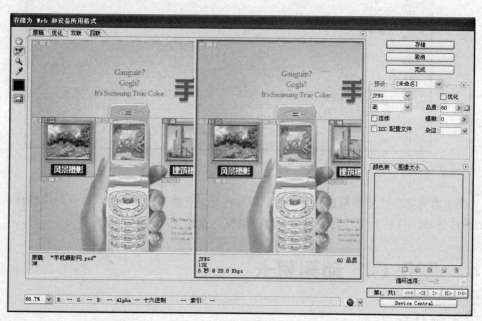

图 9-40

（4）进入"四联"选项卡，对图像作最大的优化处理，效果如图 9-41 所示。

（5）优化后单击"存储"按钮，在打开的对话框中设置文件保存类型为 html，然后指定一个存储文件名，最后单击"保存"按钮即可，效果如图 9-42 所示。

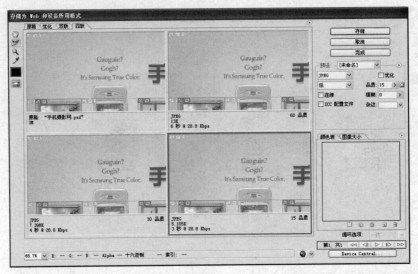

图 9-41

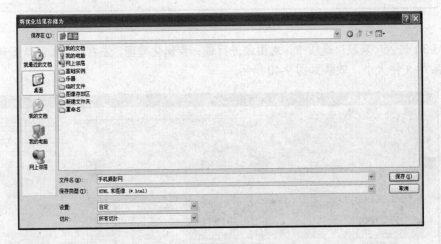

图 9-42

（6）打开保存位置后双击网页文件，即可打开浏览器查看网页效果，同时用鼠标单击其中的图片区域，将打开指定的下级网页进行浏览，至此完成本例的制作。

9.4 制作 GIF 动画贺卡

实例目标

本例将制作一张"新春快乐"贺卡，完成后将其制作成动画，并保存为 GIF 格式，图 9-43 所示为动画中的某一帧的播放效果。

图 9-43

素材文件\第 9 章\动画贺卡\鞭炮.tif、灯
笼.tif、老鼠.tif
　最终效果\第 9 章\过年贺卡.psd、过年贺
卡.gif

　　本例的制作思路如图 9-44 所示，涉及的知识点有 "添加杂色" 命令、"阈值" 命令、"高
斯模糊" 命令、"色彩范围" 命令、"平翻转" 命令、横排文字工具以及在 Photoshop 中制作
帧动画的方法等，其中动画的制作过程是本例的重点。

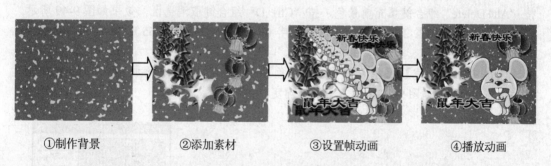

①制作背景　　　　②添加素材　　　　③设置帧动画　　　　④播放动画

图 9-44

9.4.1　制作贺卡背景

　　（1）新建 "过年贺卡" 文件，文件大小为 12 厘米×10 厘米，分辨率为 72 像素/英寸，
颜色模式为 RGB 颜色。设置前景色为红色（R:247，G:73，B:8），按 "Alt+Delete" 组合键填
充前景色。

　　（2）新建 "图层 1"，设置前景色为白色（R:255，G:255，B:255），按 "Alt+Delete" 组
合键填充前景色。

（3）选择【滤镜】/【杂色】/【添加杂色】命令，在打开的"添加杂色"对话框中设置"半径"为400，单击"确定"按钮，效果如图9-45所示。

（4）选择【滤镜】/【模糊】/【高斯模糊】命令，在打开的"高斯模糊"对话框中设置"半径"为3.0，单击"确定"按钮，参数设置如图9-46所示。

（5）选择【图像】/【调整】/【阈值】命令，在打开的"阈值"对话框中设置"阈值色阶"为125，单击"确定"按钮，效果如图9-47所示。

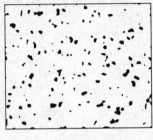

| 图 9-45 | 图 9-46 | 图 9-47 |

（6）选择【选择】/【色彩范围】命令，在打开的"色彩范围"对话框中设置"颜色容差"为200，单击图像窗口中的白色部分取样，单击"确定"按钮载入选区，按"Delete"键删除选区内容，得到如图9-48所示的效果。

（7）按"Ctrl+Shift+I"组合键反选选区，设置前景色为黄色（R:255，G:227，B:82），按"Alt+Delete"组合键填充前景色，按"Ctrl+D"组合键取消选区，效果如图9-49所示。

（8）新建"图层2"，设置前景色为白色（R:255，G:255，B:255），按"Alt+Delete"组合键填充前景色。

（9）选择【滤镜】/【杂色】/【添加杂色】命令，在打开的"添加杂色"对话框中设置"半径"为400，如图9-50所示，单击"确定"按钮。

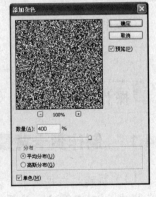

| 图 9-48 | 图 9-49 | 图 9-50 |

（10）选择【滤镜】/【模糊】/【高斯模糊】命令，在打开的"高斯模糊"对话框中设置"半径"为2，单击"确定"按钮。

（11）选择【图像】/【调整】/【阈值】命令，在打开的"阈值"对话框中设置"阈值色阶"为 113，单击"确定"按钮，效果如图 9-51 所示。

（12）选择【选择】/【色彩范围】命令，在打开的"色彩范围"对话框中设置"颜色容差"为 200，单击窗口白色部分取样，单击"确定"按钮载入选区，按"Delete"键删除选区内容，效果如图 9-52 所示。

（13）按"Ctrl+Shift+I"组合键反选选区，按"Alt+Delete"组合键填充为前景色，按"Ctrl+D"组合键取消选区，完成贺卡背景的制作，效果如图 9-53 所示。

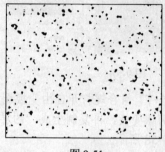 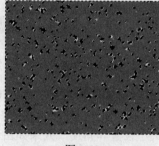 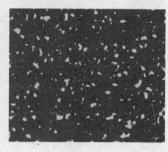

图 9-51　　　　　　　图 9-52　　　　　　　图 9-53

9.4.2　添加鞭炮等素材

（1）打开"鞭炮.tif"素材文件，选择工具箱中的快速选择工具，在窗口中单击鞭炮部分将其载入选区。

（2）选择工具箱中的移动工具，拖动选区内容到"过年贺卡"文件中，自动生成"图层 3"。

（3）按"Ctrl+T"组合键打开自由变换调节框，调整鞭炮图像的大小和位置，按"Enter"键确认变换，效果如图 9-54 所示。

（4）复制"图层 3"，生成"图层 3 副本"图层，按"Ctrl+T"组合键打开自由变换调节框，调整图像的大小和位置，按"Enter"键确认变换，效果如图 9-55 所示。

图 9-54　　　　　　　　　　　图 9-55

（5）按"Ctrl+E"组合键向下合并为新的"图层 3"，复制生成"图层 3 副本"图层。

（6）选择【编辑】/【变换】/【水平翻转】命令，按"Ctrl+T"组合键打开自由变换调节框，调整图像的大小和位置，按"Enter"键确认变换，效果如图 9-56 所示。

（7）打开"灯笼.tif"素材文件，选择工具箱中的快速选择工具，在窗口中单击灯笼部分将其载入选区，用移动工具 拖动选区内容到"过年贺卡"文件中，自动生成"图层4"，调整灯笼图像的大小和位置，效果如图9-57所示。

图9-56　　　　　　　　　　　　　　　　图9-57

（8）复制"图层4"，生成"图层4副本"图层，按"Ctrl+T"组合键打开自由变换调节框，调整复制的灯笼图像的大小位置和角度，按"Enter"键确认变换，再复制生成"图层4副本2"图层，调整灯笼图像的大小位置和角度，效果如图9-58所示。

（9）打开"老鼠.tif"素材文件，选择工具箱中的快速选择工具 ，在窗口中单击老鼠部分将其载入选区，用移动工具 拖动选区内容到"过年贺卡"文件中，自动生成"图层5"，调整老鼠图像的大小和位置，效果如图9-59所示。

图9-58　　　　　　　　　　　　　　　　图9-59

（10）复制"图层5"，生成"图层5副本"图层，按"Ctrl+T"组合键打开自由变换调节框，调整图像的大小和位置为如图9-60所示效果。

（11）按6次"Ctrl+Alt+Shift+T"组合键，复制生成"图层5副本2"到"图层5副本7"图层，并使复制的图像呈如图9-61所示的排列效果。

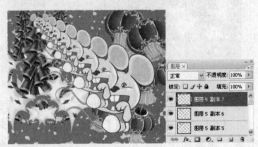

图9-60　　　　　　　　　　　　　　　　图9-61

（12）设置前景色为黑色（R:0，G:0，B:0），选择工具箱中的横排文字工具 **T.**，设置字体为方正隶书简体，颜色为黑色，在窗口中输入如图 9-62 所示的文本，并设置好文本大小。

（13）双击文字图层后面的空白处，在打开的对话框中选中"描边"复选框，设置描边颜色为红色（R:255，G:0，B:0），单击"确定"按钮，添加描边效果。

（14）分别复制两个文字图层，生成文字副本图层，调整好文字副本的大小和位置。

（15）双击文字副本图层后面的空白处，在打开的对话框中选中"描边"复选框，设置描边颜色为黄色（R:255，G:234，B:0），单击"确定"按钮，效果如图 9-63 所示，完成平面贺卡的制作。

图 9-62

图 9-63

9.4.3　设置帧动画

（1）选择【窗口】/【动画】命令，单击打开的"动画"面板右下方的"转换为帧动画"按钮 ⊞。

（2）单击"图层"面板上面所有图层缩览图前面的"指示图层可视性"按钮 ◉，隐藏除背景外的所有图层。

（3）单击"图层 1"、"图层 3"、"图层 4 副本"和"图层 5 副本 7"图层缩览图前面的"指示图层可视性"按钮 ◉，显示这些图层，此时的"动画"面板及图像窗口中的显示效果如图 9-64 所示。

图 9-64

（4）单击"动画"面板下方的"复制所选帧"按钮 ◻，复制为第 2 帧。

（5）单击"图层 1"、"图层 3"、"图层 4 副本"和"图层 5 副本 7"图层缩览图前面的

"指示图层可视性"按钮 ，隐藏这些图层。

（6）单击"图层2"、"图层3副本"、"图层4"和"图层5副本6"图层缩览图前面的"指示图层可视性"按钮 ，显示这些图层，得到第2帧中的图像效果，如图9-65所示。

（7）单击"动画"面板下方的"复制所选帧"按钮 ，复制为第3帧。

（8）单击"图层2"、"图层3副本"、"图层4"和"图层5副本6"图层缩览图前面的"指示图层可视性"按钮 ，隐藏这些图层。

（9）单击"图层1"、"图层3"、"图层4副本2"和"图层5副本5"图层缩览图前面的"指示图层可视性"按钮 ，显示这些图层，得到第3帧中的图像效果，如图9-66所示。

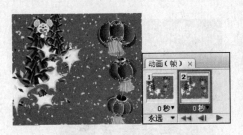

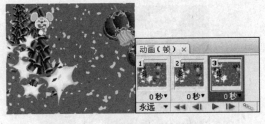

图9-65   图9-66

（10）单击"动画"面板下方的"复制所选帧"按钮 ，复制为第4帧。

（11）单击"图层1"、"图层3"、"图层4副本2"和"图层5副本5"图层缩览图前面的"指示图层可视性"按钮 ，隐藏这些图层。

（12）单击"图层2"、"图层3副本"、"图层4"和"图层5副本4"图层缩览图前面的"指示图层可视性"按钮 ，显示这些图层，得到第4帧中的图像效果，如图9-67所示。

（13）单击"动画"面板下方的"复制所选帧"按钮 ，复制为第5帧。

（14）单击"图层2"、"图层3副本"、"图层4"和"图层5副本4"图层缩览图前面的"指示图层可视性"按钮 ，隐藏这些图层。

（15）单击"图层1"、"图层3"、"图层4副本"、"图层5副本3"和文字图层缩览图前面的"指示图层可视性"按钮 ，显示这些图层，得到第5帧中的图像效果，如图9-68所示。

图9-67   图9-68

（16）单击"动画"面板下方的"复制所选帧"按钮 ，复制为第6帧。

（17）单击"图层1"、"图层3"、"图层4副本"、"图层5副本3"和文字图层缩览图前面的"指示图层可视性"按钮 ，隐藏这些图层。

（18）单击"图层2"、"图层3副本"、"图层4"、"图层5副本2"和文字副本图层缩览图前面的"指示图层可视性"按钮 ，显示这些图层，得到第6帧中的图像效果，如图9-69

所示。

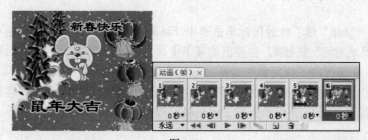

图 9-69

（19）单击 "动画" 面板下方的 "复制所选帧" 按钮，复制为第 7 帧。

（20）单击 "图层 2"、"图层 3 副本"、"图层 4"、"图层 5 副本 2" 和文字副本图层缩览图前面的 "指示图层可视性" 按钮，隐藏这些图层。

（21）单击 "图层 1"、"图层 3"，"图层 4 副本 2"、"图层 5 副本" 和文字图层缩览图前面的 "指示图层可视性" 按钮，显示这些图层，得到第 7 帧中的图像效果，如图 9-70 所示。

图 9-70

（22）单击 "动画" 面板下方的 "复制所选帧" 按钮，复制为第 8 帧。

（23）单击 "图层 1"、"图层 3"、"图层 4 副本 2"、"图层 5 副本" 和文字图层缩览图前面的 "指示图层可视性" 按钮，隐藏这些图层。

（24）单击 "图层 2"、"图层 3 副本"、"图层 4"、"图层 5" 和文字副本图层缩览图前面的 "指示图层可视性" 按钮，显示这些图层，得到第 8 帧中的图像效果，如图 9-71 所示。

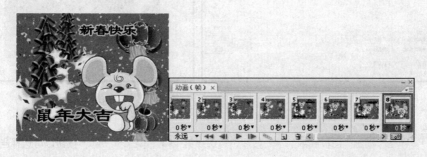

图 9-71

9.4.4 播放和存储动画

（1）按住 "Shift" 键不放的同时单击选中 "动画" 面板中的所有帧，单击第 1 帧图像下方的 "选择帧延迟时间" 按钮▼，在弹出的菜单中选择 "0.2" 命令，再单击 "选择循环选项" 按钮 一次 ▼ ，在弹出的下拉菜单中选择 "永远" 命令。

（2）单击 "播放动画" 按钮 ▶，即可从头开始播放当前动画效果，并在图像窗口中预览动画的播放情况，图 9-72 所示为第 2 帧的播放效果。

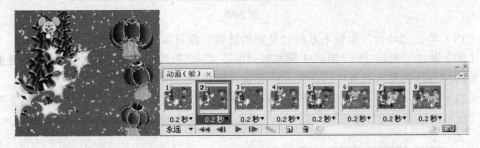

图 9-72

（3）单击 "停止播放" 按钮 ■，停止播放动画。

（4）选择【文件】/【存储为 Web 和设备所用格式】命令，打开 "存储为 Web 和设备所用格式" 对话框，分别进入各个选项卡进行四联自动优化处理。

（5）单击 "存储" 按钮，在打开的对话框中设置文件保存类型为.gif，然后指定一个存储文件名和保存位置，最后单击 "保存" 按钮即可，设置如图 9-73 所示。

（6）打开动画文件的保存位置，双击 "过年贺卡.gif" 动画文件，即可在打开的窗口中播放动画效果，效果如图 9-74 所示。

图 9-73

图 9-74

提示 单击 "动画" 面板底部的 ◀◀ 按钮，可选择第一帧，单击 ◀▮ 或 ▮▶ 按钮，可选择当前帧的上一帧或下一帧。

9.5　课后练习

根据本章所学内容，动手完成以下实例的制作。

练习 1　批处理一组黑白图像

本练习将打开任意一幅图像，新建一个名为"转为黑白图像"的新动作，然后利用"去色"命令将图像转换为黑白图像，保存并关闭图像的过程录制到新动作中。完成后利用新建的动作将提供的一组素材全部处理为黑白照效果（也可以执行"批处理"命令，在打开的对话框中指定图像位置后选择使用"转为黑白图像"动作，从而实现自动批处理）。

素材文件\第 9 章\课后练习\一组图像\1.jpg…

练习 2　制作网店广告

本练习将先综合运用前面所学的绘图、图像编辑、图层样式等知识在 Photoshop CS3 中为一网站制作一则宣传广告效果，最终效果如图 9-75 所示，然后运用本章所学的动画制作知识将其制作成 GIF 动画。

素材文件\第 9 章\课后练习\网店广告\美女 1.tif、美女 2.tif、心形.tif
最终效果\第 9 章\课后练习\网店广告.psd、网店广告动画.gif

图 9-75